IOT VISION BASED ON RASPBERRY PI, PYTHON AND OPENCV

智能硬件与机器视觉

基于树莓派、Python和OpenCV

陈佳林◎著

机械工业出版社
CHINA MACHINE PRESS

图书在版编目（CIP）数据

智能硬件与机器视觉：基于树莓派、Python 和 OpenCV/ 陈佳林著．—北京：机械工业出版社，2020.10（2024.2 重印）

ISBN 978-7-111-66769-8

I. 智…　II. 陈…　III. 计算机视觉　IV. TP302.7

中国版本图书馆 CIP 数据核字（2020）第 199194 号

智能硬件与机器视觉

基于树莓派、Python 和 OpenCV

出版发行：机械工业出版社（北京市西城区百万庄大街 22 号　邮政编码：100037）

责任编辑：李　艺　　责任校对：李秋荣

印　　刷：北京捷迅佳彩印刷有限公司　　版　　次：2024 年 2 月第 1 版第 5 次印刷

开　　本：186mm×240mm　1/16　　印　　张：14.75

书　　号：ISBN 978-7-111-66769-8　　定　　价：89.00 元

客服电话：（010）88361066　68326294

Preface 前　言

为什么要写这本书

面对这个问题，我的内心是复杂的。虽然我是一名理科生，但是我并不想用各种参数对比、性价比等冷冰冰的数字来回答这个问题，我想感性地、大声地、骄傲地回答这个问题，因为——我就是喜欢树莓派！

由于工作的原因，我身边总是围绕着大量的工程师，他们中的大多数都跟我一样，第一眼就喜欢上了这块电路板，而且再也离不开它，从 2012 年的第一代一直追到最新的 3B+ 版本的人不在少数。同时，我还发现，这块电路板“软硬通杀”，不管是玩硬件的朋友，还是玩软件的朋友，都会对它爱不释手，并很快上手将其融合到自己的项目中。

树莓派是一款真正的“电脑”，凭借强劲的 CPU 性能，它无所不能，从上网、玩游戏、看电影、听音乐，到控制电路、控制传感器，再到科学计算、边缘计算、云计算，甚至深度学习、人工智能、图像识别、环境感知等高级应用，都可以做到轻松应对、游刃有余。

与此同时，树莓派始终保持非常低廉的售价，其官方售价一直是 35 美元，而一台完整的电脑则至少需要 350 美元。未来必将会出现越来越多的自动化工作，需要越来越多的程序员。降低计算机的普及门槛，让更多人更早接触编程，并且爱上编程，是必然趋势，而树莓派凭借其价格低廉、易上手、功能强大等特性会受到越来越多的人的青睐。

树莓派可以安装 Android、Windows、Debian、Ubuntu、OSMC、PiNet、OpenNAS 等各种功能丰富、适用于不同场景的操作系统，其功耗超低，用作服务器 24 小时不关机也不心疼，换一张 TF 卡，马上又是一个新系统，对于我们这些经常“蹂躏”系统环境的逆向工程师来讲，这些特性吸引力极大。

业余时间我经常跟同事一起，利用树莓派软硬结合的特性，搭建各种由树莓派充当“神经中枢”的机器人，也参加了一些机器人比赛，以期遇到更多喜欢树莓派的朋友，提升自身的技术水平，一起发扬树莓派提倡的创客文化。希望可以跟大家保持联系，多多交流。

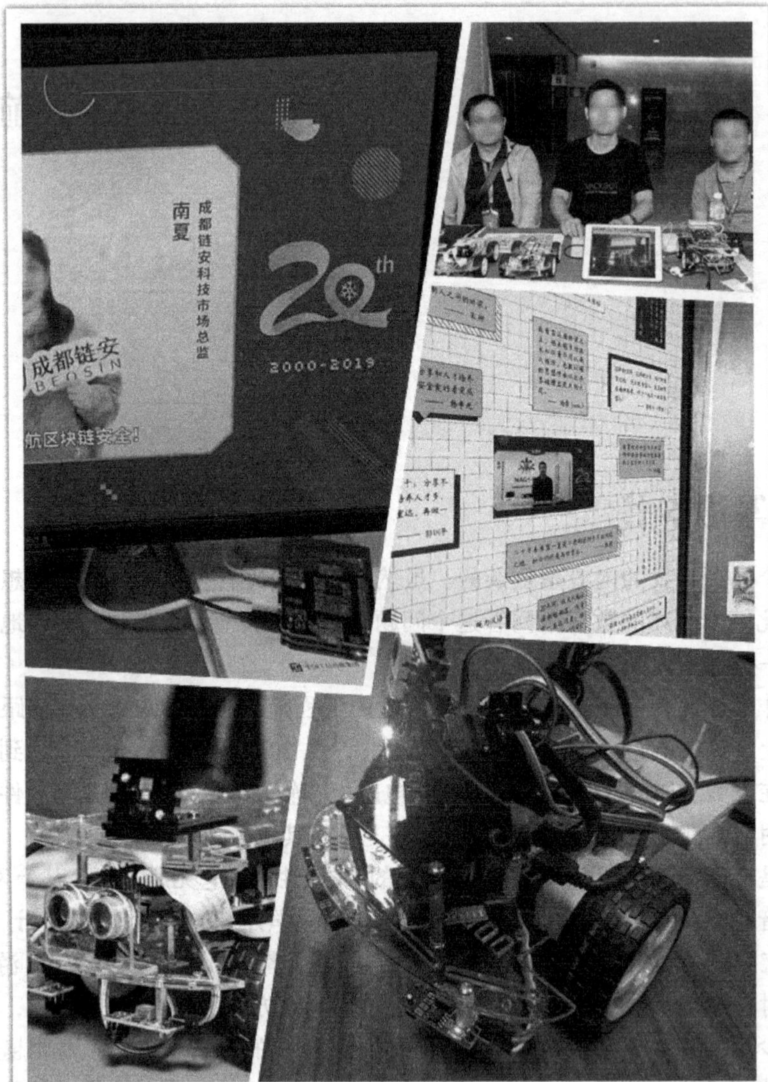

内容提要

本书围绕“低成本玩转树莓派”这个主题，讲解了如何利用树莓派、OpenCV 和 Python 等软硬件搭建一个低成本的智能硬件平台，并在其上实现图像分析、文字识别、人脸识别与追踪、视频监控等机器视觉功能。

全书一共 11 章。

第 1 ~ 4 章首先讲解了机器视觉在智能硬件领域的应用场景以及智能硬件上 4 种常见

的机器视觉技术方案；然后讲解了树莓派和 OpenCV 的安装、配置以及其他准备工作；最后通过一些简单的案例和代码教读者使用 OpenCV。

第 5 ~ 11 章是本书的核心内容，通过几个具体的综合案例讲解了如何使用树莓派低成本玩转如下机器视觉场景：拍摄照片和视频、处理相机的原始数据、道路和商场的人流统计、道路信息的文字识别、人脸识别与追踪、中央 AI 视频监控等。以上案例循序渐进，环环相扣，所有代码均可在树莓派上运行，并可轻松移植到任何 ARM 开发板上。

读者对象

- 机器视觉开发工程师
- 智能硬件开发工程师
- 专业树莓派爱好者
- OpenCV 开发者

更新和勘误

书本是静止的，知识是流动的，在书本编撰、出版、发行所占用的时间里，技术仍在不断更新，所谓活到老、学到老，也正是这个道理。在本书写作的过程中，树莓派已经推出第 4 版，OpenCV 的版本也一直在升级，新版树莓派和 OpenCV 在性能上会有更好的表现。目前本书中的代码是兼容所有版本的树莓派的。考虑到机器视觉本身也是一门操作性极强的学科，读者在动手实践的过程中难免会产生各种各样的疑问，我特地准备了 GitHub 仓库（https://github.com/r0ysue/RaspPyOpenCV）对内容进行更新，也会将勘误放在这里，大家有疑问可以在该仓库的 issue 页面提出，我会尽力解答，希望可以跟大家一起学习，一起进步。

目　录 *Contents*

第 1 章 Chapter 1

智能硬件与机器视觉

本章我们先来了解机器视觉在智能硬件领域的具体应用以及技术方案选型，为后文学习相关理论奠定基础。

1.1 机器视觉在智能硬件领域的应用

在这个飞速发展的信息时代，智能手机是一项革命性发明，它带动了大量互联网产品与服务的发展与进步，给人们的生活带来日新月异的变化。如今，智能手机技术变革速度放缓，而智能硬件的发展却格外引人注目。

那么，什么是智能硬件呢？大到智能汽车、智能电视，小到智能手表、智能台灯，都是智能硬件的典型代表。不同于以往的电脑与智能手机，智能硬件通过软硬件结合的方式，使用智能传感互联、人机交互、新型显示及大数据处理等新一代信息技术对传统设备进行改造，使传统硬件智能化。硬件智能化后具备了连接的能力，通过移动应用实现互联网服务的加载，形成“云 + 端”的典型架构。这就像是为一个个设备赋予了生命，让它们可以与人交互，让用户获得更好的服务。智能电视、智能手表、智能电冰箱……这些智能硬件都已经高度产品化并走入我们的生活。智能硬件操作简单，开发方便，各式应用层出不穷，是企业获取用户的重要入口。

随着计算资源不断进步，以及深度学习等智能技术的飞速发展，机器视觉技术也迈上了新台阶，在工业生产以及生活中扮演着越来越重要的角色。但是机器视觉技术的底层计算大多是在电脑或者服务器等较大的设备上进行的，而智能硬件可以脱离电脑与服务器的束缚，它与机器视觉技术的紧密结合将会给我们生活的方方面面带来变化，最典型的应用体现在智慧城市建设上，如图 1-1 所示。

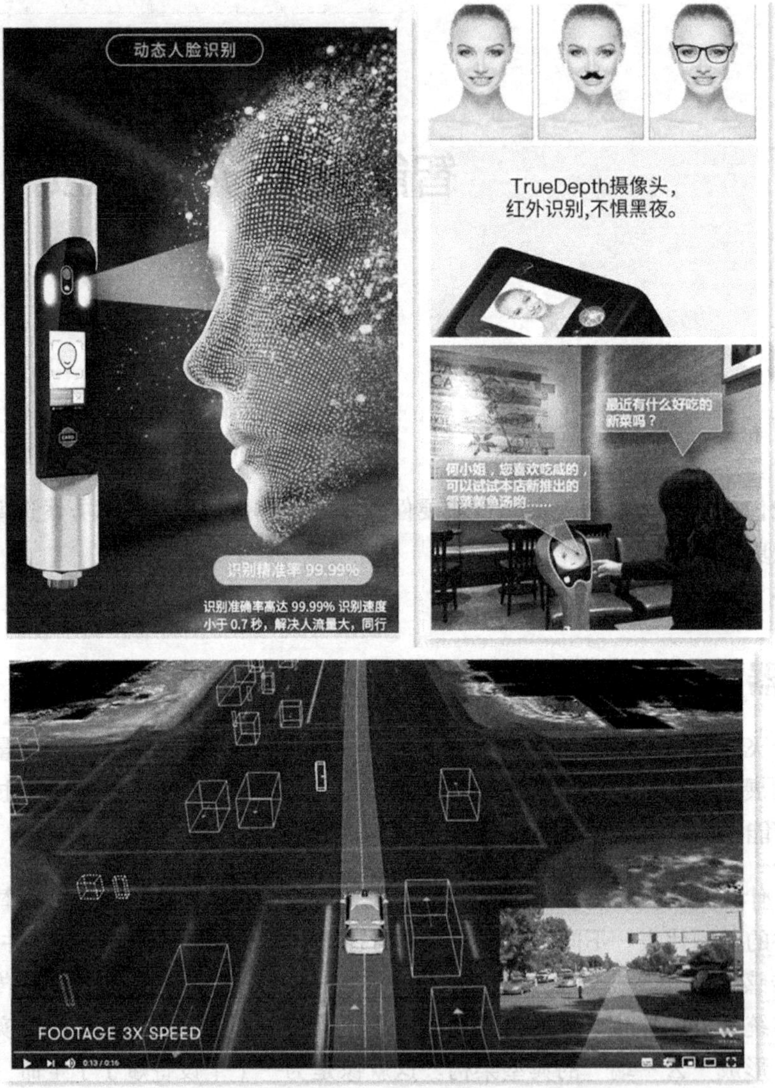

图 1-1　智能硬件给生活带来的变化

1.1.1　机器视觉在智慧城市的应用

智慧城市最早起源于传媒领域，是指利用各种信息技术或创新概念，将城市的系统和服务打通、集成，以提升资源运用的效率，优化城市管理和服务，以及改善市民生活质量。

它是一种城市信息化高级形态，实现了信息化、工业化与城镇化深度融合，有助于缓解“大城市病”，提高城镇化质量，实现精细化和动态管理，提升城市管理成效和改善市民生活质量。

智慧城市由智慧安防、智慧家居、智慧交通、智慧医疗等部分组成，下面我们来探讨一下机器视觉在这些领域的具体应用和实践。

在智慧安防方面，人脸识别技术已经广泛应用于火车站等场所，此外，在智慧社区的大体系下，智能门禁已经成为社区标配。人工智能+视频监控能实现通过人脸识别、车辆分析、视频结构化算法提取视频内容，检测运动目标，并将目标分为人员属性、车辆属性、人体属性等多种目标信息，结合公安系统，分析犯罪嫌疑人线索。同时通过人工智能处理安防领域的海量视频和监控还会促进人工智能算法性能的提高，并使之成熟应用于其他行业。在智慧社区里，包含智能门禁、车辆道闸、车位锁等功能的智慧管理系统能够实现以下场景：手机实名、身份证、门禁卡的绑定，能够精准进行人员甄别，有效帮助物业管理。

在智慧家居方面，手势识别算法可以让我们通过简单的手势完成电视节目切换、音箱自动播放。许多厂家都已推出带屏音箱，而智能电视除语音交互之外，通过计算机视觉分析视频内容，还可以对内容相关资料进行下一步操作，包括短视频剪辑、边看边买等。智能冰箱可以通过机器视觉实现对冰箱内食品的分析，以及衍生出用户健康管理和线上购物等功能，多种交互方式将统一在家居生活场景中，从而为用户提供更自然的交互体验。家里的智能机器人可以通过图像识别技术对物体进行识别，实现对人的跟随。若搭配上人工智能系统，它就能分辨出你是它的哪个主人，并且与你进行一些简单的互动。比如检测到是家里的老人，它可能会为你测一测血压；如果是小孩子，它可能给你讲个故事。智能锁通过人脸识别、远程可视、智能门锁的联动防御，可做到人脸识别一体化，精准、快速、高效地进行人脸识别，真正做到无感知通行。而智能锁连接的多功能报警器则可以连接社区物业平台与公安系统，全方位为用户提供一个安全、舒适的家庭环境。

在智慧交通方面，我们一定会首先想到自动驾驶汽车。摄像头是智能汽车的重要传感器，利用机器视觉技术，车辆可以实现自身定位并对地图进行建模，还可以识别红绿灯、车辆、行人、交通标志等道路信息。从宏观的角度来看，结合机器视觉的智能硬件将交通枢纽联网，使海量车辆通行记录信息被汇集起来，这对城市交通管理有着重要的作用。街道上有数百台摄像机和其他传感器，它们可以向交通管理中心提供实时数据。通过内置的物联网卡联网将数据发送到云上进行分析，然后得出反馈命令。智能交通信号灯利用运动传感器等相关设备，能够捕获车辆的流量和运行情况，根据实际情况做出相应改变，从而保证交通通行的顺畅。当检测到信号灯出现硬件故障时，智能交通信号灯能够通过物联网卡将数据上传，及时告知管理者，以便及时对故障进行维修，避免交通拥堵。将摄像机与路灯结合使用可以帮助跟踪交通流量并相应调整城市照明。

在智慧医疗方面，可以通过机器视觉对医疗影像进行快速读片和智能诊断。医疗影像数据是医疗数据的重要组成部分，结合机器视觉的智能硬件能够通过快速准确地标记特定异常结构来提高图像分析的效率，以供放射科医师参考。这样可让放射学家将更多时间聚焦在需要解读或判断的内容审阅上，从而有望缓解放射科医生供给缺口问题。

智慧安防、智慧家居、智慧交通、智慧医疗等都是智慧城市的组成部分。随着众多互联网巨头布局智慧城市大脑，智能硬件的市场也将充满无限潜力，而机器视觉更是作为人工智能时代的代表技术，成为智能硬件发展道路上的助推器。

1.1.2 机器视觉与 5G 的协同效应

3G 和 4G 网络的普及推动了移动互联网的蓬勃发展，丰富了人们的生活。如今 5G 到来，其高速度、低延时的特性极大地推动了 IoT（Internet of Things，物联网）的发展，让万物互联成为现实。

以智能汽车为例，现有的感知技术，如雷达、摄像头等实际上都只给车提供了一个“看”的能力，没有办法与车互动，而且这种“看”的能力会受到雨、雾等天气情况的影响。这些感知技术都只是为了让单辆汽车能够完成自主驾驶，而真实道路情况是十分复杂的，仅仅实现一辆车的自主驾驶是无法满足真实交通的需求的。

比如在自动驾驶场景下，汽车本地的处理策略足够丰富，但也会碰到一些处理不了的紧急情况，在这种情况下，我们要做的是把本地处理“挪到”云端，通过云端大数据或超算来解决紧急情况，向自动驾驶车辆发出处理命令。此外，自动驾驶有很多其他实际场景，比如自动超车、协作式避碰、车辆编队、红绿灯路口、规避拥堵等，这些都需要车与车以及车与道路端设施之间的联网通信。如果想将自动驾驶车辆采集的巨大信息量上传到云中心，就需要上行有巨大的带宽，下行有非常短的时延，这些只有 5G 技术才能实现。再比如目前车载导航系统的一大痛点是对路况变化以及复杂路况的导航效果不如意。而随着无线通信技术的发展，精确的实时导航系统可以随时应对路况变化，通过云计算等技术实现复杂路况导航，超高精度的地图导入可以将真实环境数据化，无论是人工驾驶还是自动驾驶，都能将交通效率提升一个台阶，而超高精度地图也意味着巨大的数据量，没有 5G 技术的支持恐怕难以成行。

在 V2X（Vehicle to everything）上，比如在酒店、商场、影院、餐厅、加油站、4S 店等场所部署 5G 通信终端，当车辆接近这些场所的有效通信范围时，会根据车主的需求快速与这些商业机构建立无线网络，实现终端之间高效快捷的通信，从而可以快速订餐、订房、选择性地接收优惠信息等，且在通信过程中不需要连接互联网。这就是 V2X。据预测，无人驾驶汽车每秒可产生 0.75GB 的数据流量，人们每年待在车里的时间长达 600 小时，一辆自动驾驶汽车的流量消费相当于 2666 名互联网用户。未来的信息大爆炸或将从汽车开始。这些都对通信的可靠性和延时性提出一定要求，而有了 5G 的交互式感知，车就可以对外界环境做一个输出，不仅能探测到状态，还可以做出反馈。由智能网联汽车以及路端设施建立起来的智慧交通，是智慧城市的重要组成部分。在未来，智慧政务、智慧环保、智慧安防、智慧教育、智慧医疗、智慧生活都将成为现实。

AI 与 IoT 的结合即 AIoT，将成为下一个技术风口。AI 是 IoT 的大脑，让设备的简单连接上升为智能连接，让万物互联进化到万物智联；IoT 是让 AI 具备行动能力的身体。就像用人类的眼睛、耳朵、鼻子和皮肤来感知我们周围的世界一样，IoT 中数十亿的传感器和摄像头采集周围环境的数据，并将这些数据发送给 AI 进行分析和处理。这些数据也是 AI 进行深度学习的重要养料，协助 AI 变得越来越“聪明”，做出的决定也越来越明智。而 5G 技术则是传递信号的神经系统，让 AI 与 IoT 之间的海量数据通信成为可能。

1.2　智能硬件上的机器视觉技术方案选型

在智能硬件上的机器视觉技术选型方面，得益于近年来开发板的盛行，我们有了相比于十年前更加多样和性能强劲的选择，本书虽然主要以介绍基于树莓派的机器视觉方案为主，但下面介绍的其余三种方案依然不失为专业且流行的选择。

1.2.1　方案 A：树莓派

树莓派（英文名为 Raspberry Pi）是英国树莓派基金会开发的只有手掌大小的卡片式电脑，其系统基于 Linux，目的是以低价硬件及自由软件促进学校的基本计算机教育。自 2012 年 3 月树莓派问世以来，收到了大量计算机发烧友和创客的追捧，一度一“派”难求。树莓派的最新版本是 2019 年 6 月发布的树莓派 4B（Raspberry Pi 4 Model B），售价为 35 美元，如图 1-2 所示。树莓派 4B 在硬件方面迎来了巨大的升级！首次搭载了 4GB 的内存（1G、2G、4G 可选），并且引入 USB 3.0 接口，同时支持双屏 4K 输出和 H.265 硬件解码；处理器搭载了博通 1.5GHz 的四核 ARM Cortex-A72 处理器，性能上可谓实现了质的飞跃。在接口方面，树莓派 4B 支持双频无线 Wi-Fi（802.11ac），搭载蓝牙 5.0，提供两个 Micro HDMI 2.0 视频输出接口，支持 4K 60FPS；内置千兆以太网口（支持 PoE 供电）、MIPI DSI 接口、MIPI CSI 相机接口、立体声耳机接口、两个 USB 3.0 和两个 USB 2.0，扩展接口则依然是 40 针的 GPIO。供电方面也改成了 5V/3A 的 USB-C 接口供电。新的树莓派几乎可兼容所有以往创建的树莓派项目、配件和应用。同时，40 针扩展 GPIO 接口使其能够添加更多传感器、连接器及扩展板或智能设备，前 26 针引脚与 A 型板和 B 型板保持一致，可 100% 向后兼容，无须担心软硬件和配件的生态问题。

a）

b）

图 1-2　树莓派实物图

树莓派相当于手掌大小的卡片电脑，体积相当于 iPod Classic 或小号的马克杯；外表“娇小”，但是“内心”十分强大，视频、音频、网络各种功能应有尽有，可谓“麻雀虽小，五脏俱全”。当我们给树莓派装好系统，配上键盘、鼠标、显示器，就可以将它作为一台微型电脑使用。除此之外，树莓派也可以用于硬件智能化，打造家庭影院、无线路由器、FTP 服务器、代码托管、网络收音机、智能小车、人脸识别、语音识别、私有云以及智能家居等。图 1-3 为笔者搭建的由树莓派使用各种 AI 传感器组成的人工智能机器人，可以执行一些定点跟踪任务。

除了 Linux 之外，微软也已经与树莓派基金会达成合作以确保 Windows 10 可以适配树莓派新款产品，如今完美适配树莓派 2 / 3 代的 Windows 10 物联网核心版系统已经可以免费下载。

树莓派的轻体量以及高性能，为智能硬件的发展提供了一个很好的解决方案，相信在万物互联的时代，树莓派将会扮演重要的角色。

图 1-3　笔者搭建的人工智能机器人

1.2.2　方案 B：BeagleBoard

BeagleBoard 是一款由德州仪器与 Digi-Key、Newark element14 合作生产的低能耗、开源的单板机，也是为运行开源软件而构建的一个系统。BeagleBoard 在 2008 年首次发布，后来的迭代版本称为 BeagleBone。BeagleBone 体积小、价格低，但功能十分强大，可简化开发过程，是供学生、业余爱好者以及专业人员使用的绝佳学习平台。最新版本——BeagleBone Black（BBB）于 2013 年 4 月 23 日发布，售价为 45 美元，如图 1-4 所示。它的 RAM 增加到 512MB，处理器频率达到 1GHz，还增加了 HDMI 接口和 2GB 的 eMMC 闪存。BBB 与树莓派类似，都运行于 Linux 系统，可支持编译的语言也很多，如 C、C++、Python、Perl 等。相对于树莓派，它拥有更多的 GPIO 接口，可以外接更多设备，还可以外接 Cape 板扩展，但是 BBB 对于电源和网卡的要求比较苛刻。此外，BBB 国外的开源社区十分活跃，在国内的讨论与应用并不多。

图 1-4　BBB 实物图

1.2.3 方案 C：NVIDIA Jetson

前面介绍的树莓派和 BeagleBoard 的最初目的是用于计算机编程教育，而接下来提到的 NVIDIA Jetson 则是一款面向工程实际应用的开发板，它是边缘计算场景中部署人工智能应用的一个利器。

什么是边缘人工智能（Edge AI）呢？传统意义上，AI 解决方案需要强大的并行计算处理能力，长期以来，AI 服务都是通过联网在线的云端基于服务器的计算来提供服务。云计算作为一种计算模式已经渗透到我们的日常生活之中，但是在很多应用场合，由于网络不可用、网络带宽不足和网络延迟大等原因使得基于云计算的模式不能满足需求，这就需要用到边缘计算。举例来说，微信在进行语音转文字的时候，如果不联网，是无法进行的，联网的原因是因为云服务器上的算法和算力非常强大，速度很快。那么问题来了，想象一些无法联网或者不想联网的场景，你的机器人在野外因为无法联网连走路都不会，摔倒在地，或者你的机器人因为联网被黑客攻击，当然现实情况不会这么糟，可是这就对自主机器有了新的要求，需要在不联网或者不方便联网的条件下进行 AI 计算。显然，由于计算性能的限制，普通的单片机或者嵌入式设备在进行深度学习或者其他 AI 计算时显得不那么合适。NVIDIA 针对这种应用场景开发出一种嵌入式 GPU 设备，这种设备因为底层硬件处理单元的优化，非常适用于深度学习、深层神经网络模型的推理运算，这个设备就是 Jetson 系列，如图 1-5 所示。

图 1-5 NVIDIA Jetson 实物图

Jetson 系列产品有 TK 1、TX 1、TX 2、Xavier 四代。Xavier 是最新一代 NVIDIA 业界领先的嵌入式 Linux 高性能计算机，主要包括一个 8 核 NVIDIA Carmel ARMv8.2 64 位 CPU。这是由 8 个流多处理器组成的 512 核 Volta 架构的 GPU，支持并行计算语言 CUDA 10，内存提升为 16GB，具有超强的计算性能，而外形尺寸只等同信用卡的大小。

由于 Jetson 系列的高计算性能和轻巧便携的特点，它可以部署在无人机、机器人以及自动驾驶车辆上，用于解决需要大量计算资源的 SLAM（Simultaneous Localization and Mapping，即时定位与地图构建）问题。Jetson TX2 在处理 720p 彩色图像时每秒可达 100 帧以上。早些时间引起广泛关注的清华大学研发的自动驾驶自行车就是搭载了 Jetson Xavier 实现目标追踪算法的。目前，Jetson 系列产品是解决边缘人工智能计算的首选方案。当然，如此高的性能对应的是高昂的价格，它近万元人民币的价格决定了它不会像价格较低的树莓派一样适用于教育与学习。

1.2.4　方案 D：Google Coral Dev Board + Edge TPU

在上一小节中我们提到边缘人工智能（Edge AI）的概念，这一小节将要介绍的 Edge TPU 是谷歌公司开发的边缘人工智能解决方案。

TPU，即张量处理单元（Tensor Processing Unit）。用户可以在谷歌云（GCP）上使用 Cloud TPU，用于机器学习模型的推演与训练。而在 2019 年的国际消费电子展（以及今年的 TensorFlow 开发峰会）上，谷歌首次展示了他们的 Edge TPU，如图 1-6 所示。Edge TPU 支持在边缘部署高质量的机器学习推理。它增强了谷歌的 Cloud TPU 和 Cloud IoT，以提供端到端（云到端、硬件 + 软件）的基础设施。

图 1-6　Edge TPU 实物图

Edge TPU 只是一块芯片，其大小不足硬币的十分之一，在 2019 年 3 月，谷歌同时发布了配套的测试版开发套件，包含了 Google Coral Dev Board。Coral Dev Board 就像一块专为边缘 AI 优化的树莓派，附有一片可置换、备有 Edge TPU 的 SoM 系统模组，它使用名为 Mendel Linux 的操作系统，支援 TensorFlow Lite 框架。在编程语言方面，现在只支援 Python，将来会加入 C++ 支援。它的售价为 149.99 美元。

1.3 本章小结

本章首先介绍了智能硬件机器视觉 AI 在智慧城市大脑中的广泛应用，接着介绍了较为流行且易用的一些学习和开发板，为大家了解机器视觉的定位及如何选型打下了基础。接下来我们将介绍如何为树莓派安装摄像头，使其成为一款不折不扣的拥有机器视觉的智能硬件。

第 2 章 Chapter 2

树莓派软硬件准备

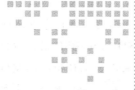

在本书中，我们将使用最新的树莓派 4B 作为开发平台，本章将会依次介绍树莓派的系统刷写、硬件连接、Linux 系统的基本操作，以及远程控制等树莓派的基础知识与操作，然后通过树莓派发出指令，使用其相机模块拍摄一张照片。

2.1 刷写系统

树莓派就像一个小型电脑，需要安装系统以后才能使用。适用于树莓派的操作系统非常多，官方推荐的系统是 NOOBS 和 Raspbian，如图 2-1 所示。其中，Raspbian 是基于 Debian 的 ARM 定制版本，是应用最为广泛的树莓派操作系统，在本书中我们也将主要使用 Raspbian OS 进行讲解。当然，其他第三方操作系统也会有各自的优势，但它们往往只在某一方面特别突出，在其他方面的兼容性却不是很好，所以，如果只是需要某个特定的功能，那么第三方系统也是比较好的选择。目前，很多系统的发行版本都支持树莓派，下面简单列出一些。

1）基于 PIXEL 的 Raspbian Jessie：树莓派官方推荐系统，基于 Debain 8，带 PIXEL 图形界面。特点是兼容性和性能优秀。最新版为 Buster，是 Jessie 的升级版，效果相同。

2）Raspbian Jessie Lite：树莓派官方推荐系统，基于 Debain 8，不带图形界面。特点是兼容性和性能优秀，比 PIXEL 版本的安装包小。

3）Ubuntu MATE：Ubuntu MATE 是针对树莓派的版本，界面个性美观。

4）Snappy Ubuntu Core：Ubuntu 针对物联网（IoT）的一个发行版本，支持树莓派。

5）CentOS：CentOS 针对 ARM 的发行版，支持树莓派。

6）Windows IoT：微软官方针对物联网（IoT）的一个 Windows 版本，支持树莓派。

7）FreeBSD：FreeBSD 针对树莓派的发行版。

8）Kali：Kali 针对树莓派的发行版，黑客的最爱。

9）Pidora：在 Fedora Remix 基础上针对树莓派优化过的操作系统。

图 2-1　两种常用的刷写系统

树莓派开发板没有配置板载闪存，但是它支持插入 SD 卡启动。我们需要通过 PC 和读卡器将树莓派操作系统烧写在一张不小于 8GB 的存储卡上，一般使用 32GB 的 SD 卡。烧写的步骤如下。

1）在树莓派官方网站（https://www.raspberrypi.org/downloads/raspbian/）下载 Raspbian 系统镜像。该页面下提供了 3 种 Raspbian 最新版本 Buster 的镜像文件，如图 2-2 所示。其中，

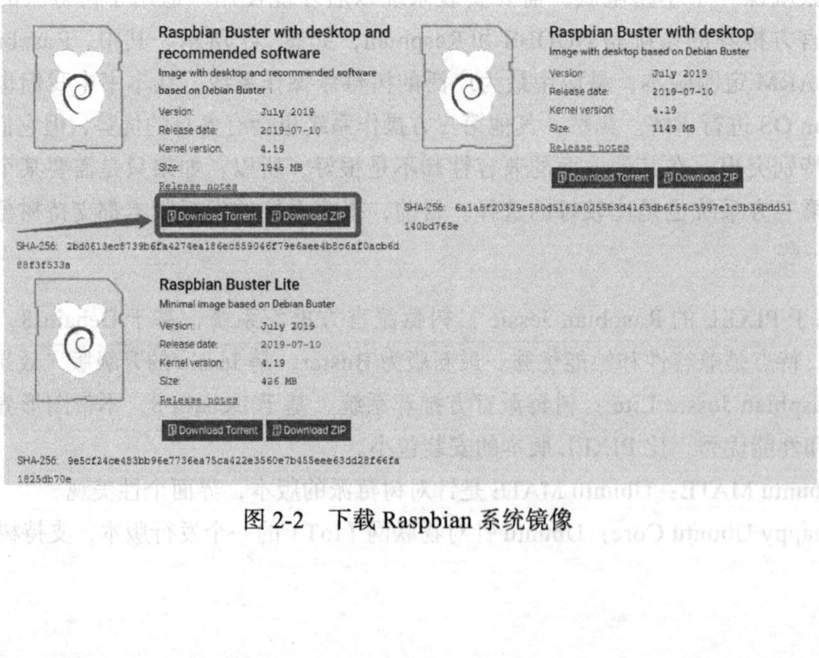

图 2-2　下载 Raspbian 系统镜像

Raspbian Buster Lite 没有图形化桌面，Raspbian Buster with desktop 集成了图形化界面，我们选择 Raspbian Buster with desktop and recommended software，它不仅集成了图形化界面，还预安装了一些常用软件。点击 Download Torrent 或者 Download ZIP 下载该文件，下载完成后可以与官网提供的 SHA-256 码进行比对以检验镜像文件是否损坏。

2）在 PC 的 Windows 系统中，使用 SD 卡的专用格式化软件 SDFormatter 对存储卡进行格式化。在软件界面中选择存储卡对应的盘符，点击“格式化”按钮即可。有时候格式化第一次会失败，这时候格式化第二次即可，可以多格式化几次。如图 2-3 所示。

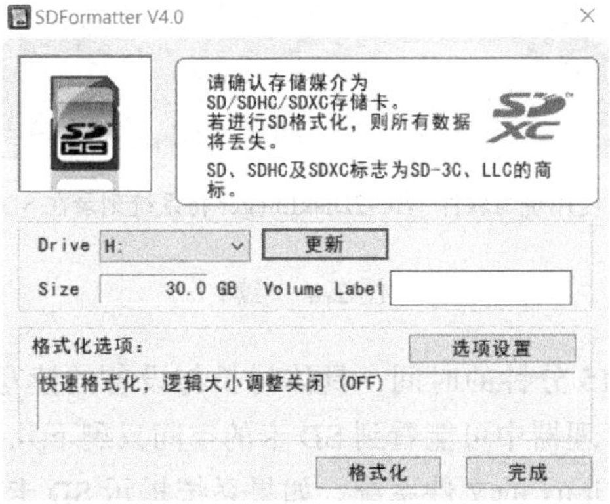

图 2-3 使用 SDFormatter 对存储卡进行格式化

3）使用烧写软件 Etcher 或者 Win32DiskImager 将系统刻录在 SD 卡。这里我们使用支持 Windows、macOS 以及 Linux 系统的轻量化软件 Etcher 来烧写。打开 Etcher 后分别选择镜像文件目录以及待烧写 SD 卡的盘符，点击 Flash 即可，如图 2-4 所示。

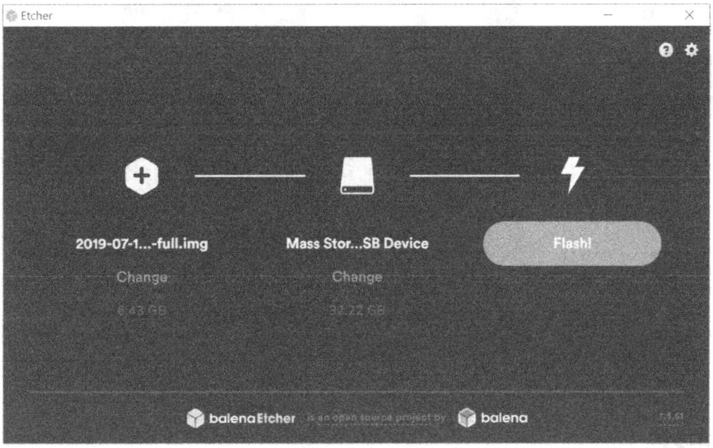

a）使用烧写软件 Etcher 将系统刻录在 SD 卡

图 2-4 使用烧写软件将系统刻录在 SD 卡

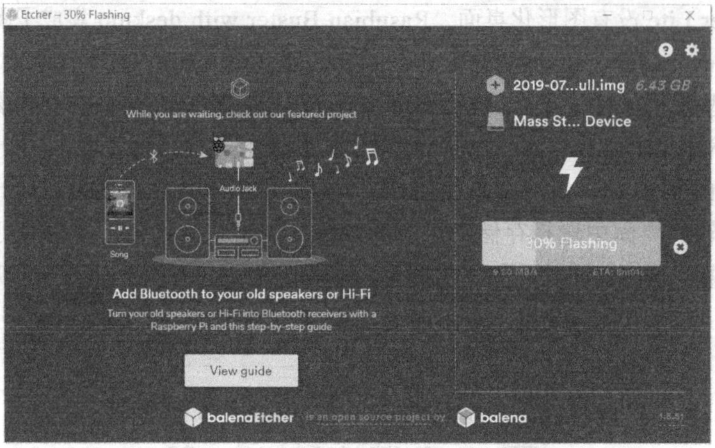

b）使用烧写软件 Win32DiskImager 将系统刻录在 SD 卡

图 2-4 （续）

烧写大概需要 10 ～ 15 分钟的时间，具体时长与设备的读写能力有关。烧写完成后，我们在 Windows 的磁盘管理器中可能看到 SD 卡的空间只剩下几十 MB，这都是正常现象，因为 Windows 无法识别 Linux 的文件系统。如果系统提示 SD 卡需要格式化，切记不要选择“是”，这会使我们之前的工作变成无用功。等待烧写完成，将 SD 卡插入树莓派背面的 SD 卡卡槽内，就可以连接硬件了，如图 2-5 所示。

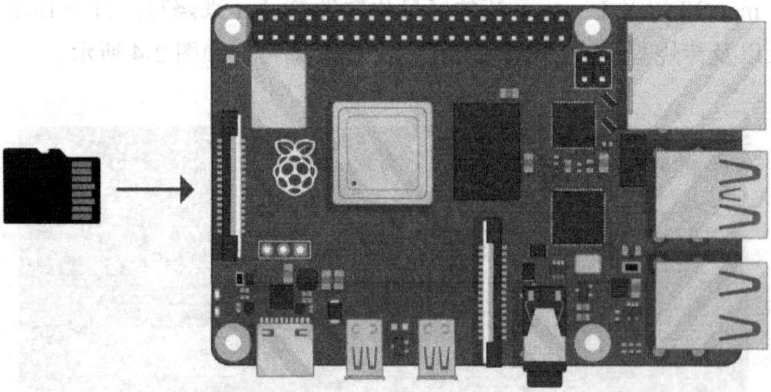

图 2-5 将 SD 卡插入树莓派背面的 SD 卡卡槽内

2.2 硬件连接

一个简单的树莓派硬件结构示意图如 2-6 所示。

图 2-6　树莓派硬件结构示意图

树莓派 4B 的内存有 1GB、2GB、4GB 三种选择，如果用于教学，1GB 的内存就足够了，如果将树莓派作为电脑来使用，则需要至少 2GB 的内存配置。在树莓派 4B 的开发板上，有一个 USB-C 的接口，也就是我们常说的 Type-C 接口，当树莓派工作时，需要电源适配器提供 5V 电压以及 3A 以上的电流，如果小于这样的电流，树莓派可能将无法工作。树莓派没有开关按钮，只要接上电源就可以启动，拔掉电源就可以关机。除了电源接口外，树莓派的开发板上还提供了 2 个 Micro-HDMI 接口，支持 4K 分辨率、60 帧画面的双屏显示，可以说是很高的显示配置了。树莓派的侧面有 2 个 USB 2.0 接口（黑色）、2 个 USB 3.0 接口，这里可以接入鼠标、键盘等外设，使得操作更加方便。旁边的以太网接口可以使树莓派接入网络，此外树莓派上还有无线网卡，意味着树莓派可以连接无线网，如图 2-7 所示。

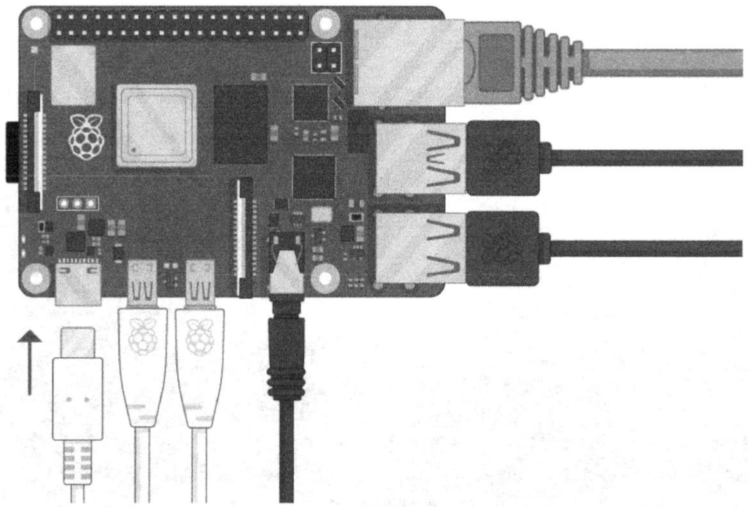

图 2-7　连接无线网

为树莓派接上显示屏、键盘、鼠标等外设后，插上电源，可以看到开发板上的红色指示灯长亮，绿色指示灯不规则闪烁，显示器上显示树莓派系统的登录界面，如图 2-8 所示，这表示我们已经成功完成树莓派和硬件设备的连接。

图 2-8　连接显示屏

在登录界面点击 next 后，进入地区与语言设置，如图 2-9 所示，这里要按照真实的地区选择时区，否则会因为与局域网时间不同步等问题影响树莓派接入网络。建议读者在学习树莓派时选择英语作为系统语言，一方面因为中文显示有时会出现编码错误，另一方面也方便在谷歌上搜索我们遇到的问题。

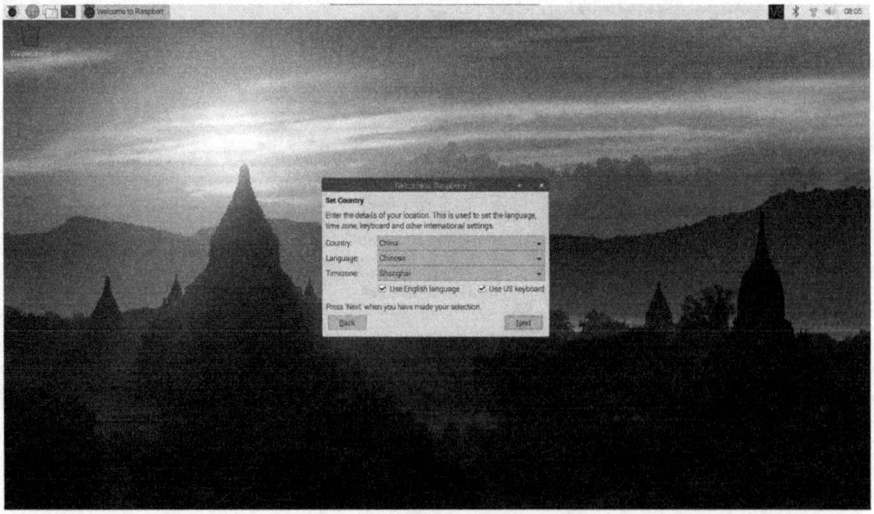

图 2-9　地区与语言设置

接下来进入设置网络连接的界面，我们使用无线网来接入局域网，选择相应的 WiFi 并输入密码，如图 2-10 所示。

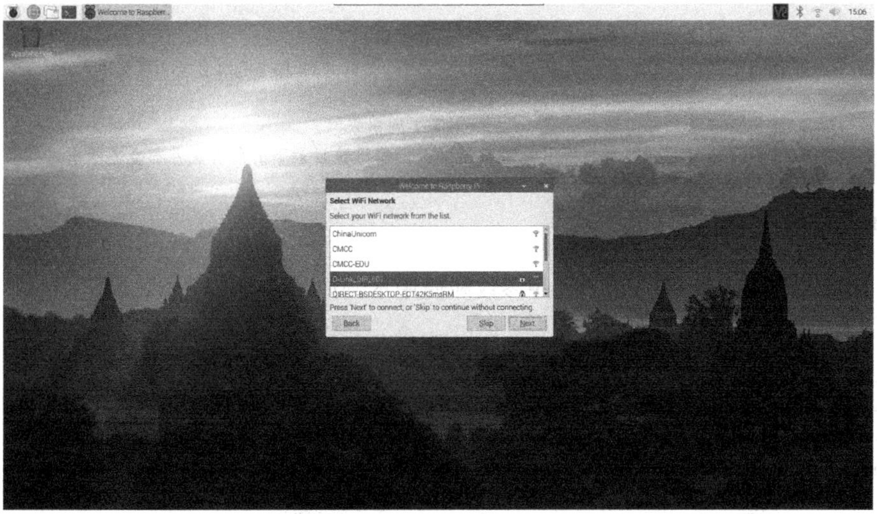

图 2-10　设置网络连接

接下来系统可能会提示更新软件，选择更新后等待片刻，重新启动树莓派就可以正常使用了。

2.3　Linux 系统的基本操作

前面提到，官方推荐的系统是 NOOBS 和 Raspbian，其中 Raspbian 是一种 Linux 系统，所以我们在使用树莓派之前，需要对 Linux 的常用命令做一些简单了解。

2.3.1　Linux 常用命令

下面将简单列举几种常用的 Linux 命令。

1. cd 命令

cd 命令可以用来切换目录，是我们最常用的命令之一。

```
$ cd /TargetPath        # 切换到TargetPath路径下
$ cd ./TargetPath       # 切换到当前目录的TargetPath目录下，“.”是相对路径，代表当前目录
$ cd ../TargetPath      # 切换到上一级目录的TargetPath目录下，“..”是相对路径，代表上一级目录
```

2. ls 命令

ls 命令用于查看当前目录下的所有文件与子目录，可以直接使用或者搭配参数使用。

```
$ ls -l # 列出长数据串，包含文件的属性与权限数据等
$ ls -a # 列出全部的文件，连同隐藏文件（开头为“.”的文件）一起列出来（常用）
$ ls -d # 仅列出目录本身，而不是列出目录的文件数据
$ ls -h # 将文件容量以较易读的方式（GB、KB等）列出来
$ ls -R # 连同子目录的内容一起列出（递归列出），等于该目录下的所有文件都会显示出来
```

3. mv 命令

mv 命令用于移动文件，它的一些参数和使用示例如下：

```
# -f : force有强制的意思，这里指如果目标文件已经存在，不会询问而直接覆盖
# -i : 若目标文件已经存在，就会询问是否覆盖
# -u : 若目标文件已经存在，且比目标文件新，才会更新
----------------
$ mv -f [file] [dir]                # 移动file到dir，并直接覆盖同名文件
$ mv [file1] [file2] [file3] dir # 把文件file1、file2、file3移动到目录dir中
$ mv [file1] [file2]               # 把文件file1重命名为file2
```

4. rm 命令

rm 命令用于删除文件或目录，它的一些参数和使用示例如下：

```
# -f : 忽略不存在的文件，不会出现警告消息
# -i : 互动模式，在删除前会询问用户是否操作
# -r : 递归删除，将路径下所有文件和目录都删除，是一个非常危险的参数
----------------
$ rm -i [file] # 删除文件file，在删除之前会询问是否进行该操作
$ rm -fr [dir] # 强制删除目录dir中的所有文件
```

5. apt-get 命令

Linux 系统中常用 apt（Advanced Package Tool）高级软件工具来安装和卸载软件：

```
$ sudo apt-get install [software] # 安装[software]软件，sudo意为使用管理员权限
$ sudo apt-get remove [software]  # 卸载[software]软件
$ sudo apt-get update [software]  # 更新软件列表
$ sudo apt-get upgrade [software] # 更新已安装软件
```

6. 其他常用命令

除上述介绍的常用命令之外，还有一些其他常用命令，举例如下：

```
$ cat /proc/version # 查看操作系统版本
```

```
$ cat /proc/cpuinfo # 查看主板版本
$ df -h             # 查看SD卡空间使用情况
$ ifconfig          # 查看IP地址
```

2.3.2 Vim 编辑器的使用

Linux 中的 Vi/Vim 就相当于 Windows 系统中的记事本，它是 Linux 中常用的文本编辑器。使用命令 vim [filename] 即可使用 Vim 打开相应的文件进行编辑。Vim 有两种模式。

- 命令模式：在命令模式中可以移动光标、删除字符，但是不可以输入字符，还可以保存文件，设置或退出 Vim。
- 插入模式：在插入模式中可以输入字符，按下 ESC 进入命令模式。

在命令模式中，常用命令如下：

```
vim [filename] # 打开filename文件
:w              # 保存文件
:q              # 退出Vim，用于未修改文件时
:q!             # 强制退出Vim，不保存文件
:wq             # 保存并退出

x               # 删除当前字符
nx              # 删除从光标开始的n个字符
dd              # 删除当前行
ndd             # 向下删除当前行在内的n行
u               # 撤销上一步操作
U               # 撤销对当前行的所有操作

yy              # 将当前行复制到缓冲区
nyy             # 将当前行向下n行复制到缓冲区
yw              # 复制从光标开始到行尾的字符
nyw             # 复制从光标开始的n个单词
y^              # 复制从光标到行首的字符
y$              # 复制从光标到行尾的字符
p               # 粘贴剪切板里的内容到光标后
P               # 粘贴剪切板里的内容到光标前

:set nu         # 显示行号
:set nonu       # 取消显示行号
```

在插入模式中，常用命令如下：

```
a               # 在当前光标位置的右边添加文本
i               # 在当前光标位置的左边添加文本
A               # 在当前行的末尾位置添加文本
I               # 在当前行的开始位置添加文本（非空字符行首）
O               # 在当前行上面新建一行
o               # 在当前行下面新建一行
```

```
R                       # 替换（覆盖）当前光标位置及后面的若干文本
J                       # 合并光标所在行及下一行为一行
```

2.4 远程连接树莓派

当身边没有键盘、鼠标和显示器等外设时，我们应当如何使用自己的 PC 来操作树莓派呢？这里我们介绍 SSH 和 VNC 两种方式。不管使用哪种方式，在连接之前，我们都需要知道树莓派的 IP 地址。在树莓派接上键盘、鼠标设备（后文简称键鼠设备）与显示器时，我们可以使用 ifconfig 命令查询树莓派的 IP 地址。如果没有键鼠设备与显示器，也可以将树莓派与手机连接至同一局域网下，使用手机上的 Fing 软件查看树莓派的 IP 地址，如图 2-11 所示。

```
pi@raspberrypi:~ $ ifconfig
eth0: flags=4099<UP,BROADCAST,MULTICAST>  mtu 1500
        ether dc:a6:32:0f:11:79  txqueuelen 1000  (Ethernet)
        RX packets 0  bytes 0 (0.0 B)
        RX errors 0  dropped 0  overruns 0  frame 0
        TX packets 0  bytes 0 (0.0 B)
        TX errors 0  dropped 0 overruns 0  carrier 0  collisions 0

lo: flags=73<UP,LOOPBACK,RUNNING>  mtu 65536
        inet 127.0.0.1  netmask 255.0.0.0
        inet6 ::1  prefixlen 128  scopeid 0x10<host>
        loop  txqueuelen 1000  (Local Loopback)
        RX packets 4  bytes 240 (240.0 B)
        RX errors 0  dropped 0  overruns 0  frame 0
        TX packets 4  bytes 240 (240.0 B)
        TX errors 0  dropped 0 overruns 0  carrier 0  collisions 0

wlan0: flags=4163<UP,BROADCAST,RUNNING,MULTICAST>  mtu 1500
        inet 192.168.0.110  netmask 255.255.255.0  broadcast 192.168.0.255
        inet6 fe80::b151:b551:b4c9:71c5  prefixlen 64  scopeid 0x20<link>
        ether dc:a6:32:0f:11:7a  txqueuelen 1000  (Ethernet)
        RX packets 349  bytes 34650 (33.8 KiB)
        RX errors 0  dropped 0  overruns 0  frame 0
        TX packets 228  bytes 68921 (67.3 KiB)
        TX errors 0  dropped 0 overruns 0  carrier 0  collisions 0
```

图 2-11　查看树莓派的 IP 地址

根据查到的 IP 地址，确认要连接的树莓派，如图 2-12 所示。

图 2-12　搜索相关设备

2.4.1　使用 SSH 连接树莓派

新发布的 Raspbian 系统镜像中默认关闭了 SSH 服务，我们需要手动打开。如果树莓派此时连接着键鼠设备与显示器，那么打开终端输入命令：

```
$ sudo raspi-config
```

这样可以打开树莓派的设置界面，选择 Interfacing Options 项下的 P2 SSH，再选择打开就可以了，如图 2-13 所示。

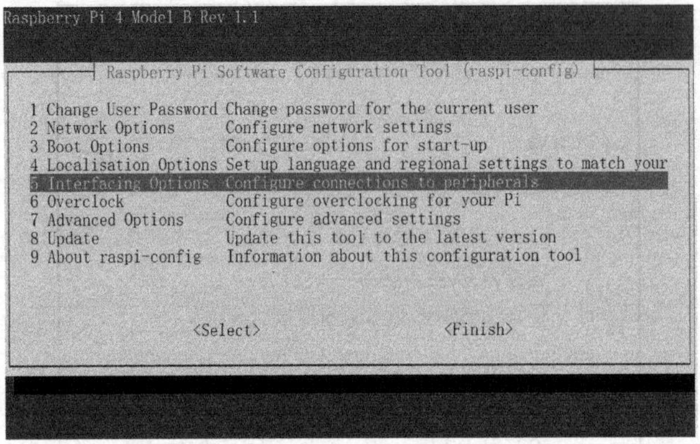

a）选择 Interfacing Options

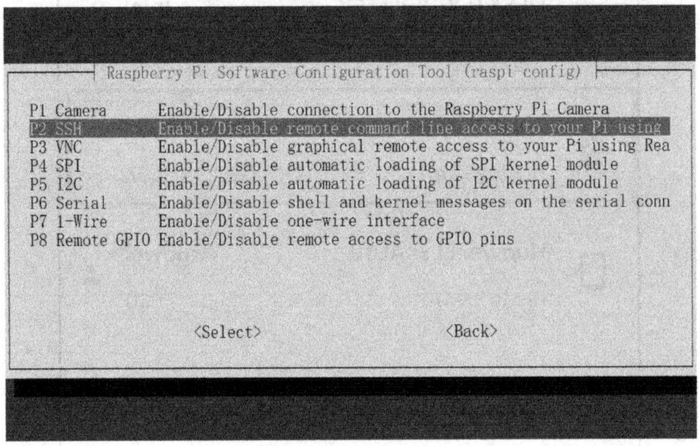

b）选择 P2 SSH

图 2-13　打开树莓派的 SSH 服务

如果树莓派没有连接外设，可以用 PC 打开 SD 卡，在 boot 目录下新建一个名为 ssh 的空白文件即可，注意不要有后缀，如图 2-14 所示。

如果你使用的是 Linux 或者 macOS 系统，在终端中直接输入命令：

```
$ ssh pi@192.168.0.110      #替换成你的树莓派IP
```

树莓派的默认用户名是 pi，密码为 raspberry，输入完毕就可以通过 SSH 控制树莓派了。

如果使用的是 Windows 系统，我们需要借助 Putty 软件来实现 SSH 连接，打开 Putty，在 IP 一栏中输入我们之前获取的树莓派的 IP 地址，选择 SSH 连接，如图 2-15 所示。

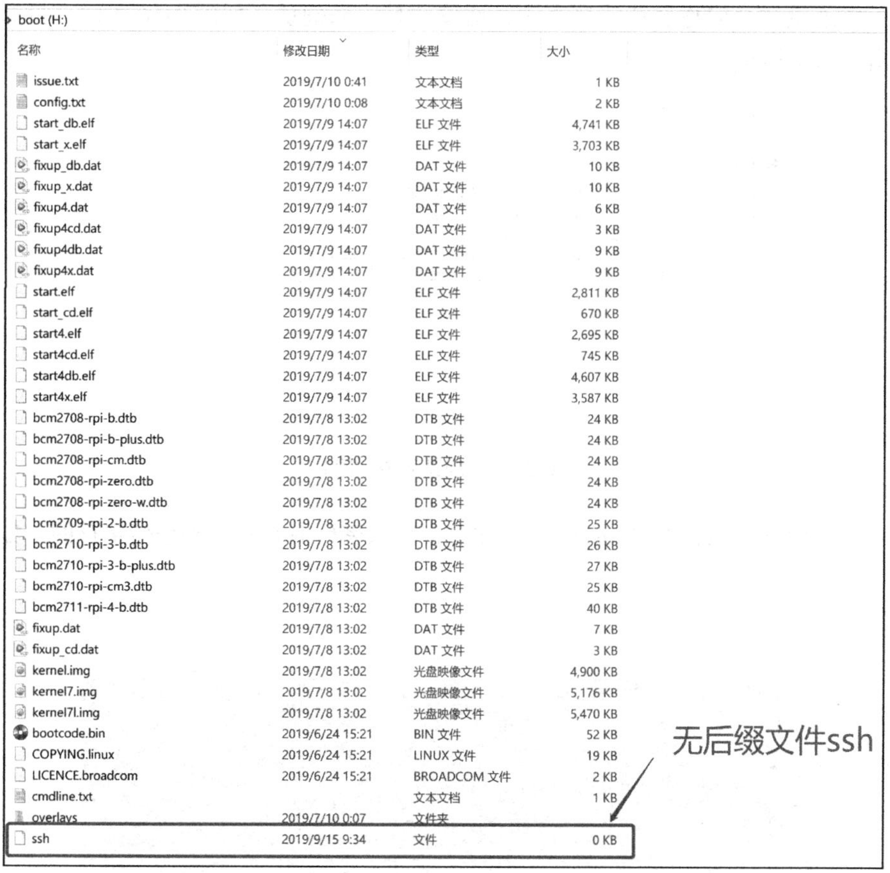
boot (H:)
名称 修改日期 类型 大小
issue.txt 2019/7/10 0:41 文本文档 1 KB
config.txt 2019/7/10 0:08 文本文档 2 KB
start_db.elf 2019/7/9 14:07 ELF 文件 4,741 KB
start_x.elf 2019/7/9 14:07 ELF 文件 3,703 KB
fixup_db.dat 2019/7/9 14:07 DAT 文件 10 KB
fixup_x.dat 2019/7/9 14:07 DAT 文件 10 KB
fixup4.dat 2019/7/9 14:07 DAT 文件 6 KB
fixup4cd.dat 2019/7/9 14:07 DAT 文件 3 KB
fixup4db.dat 2019/7/9 14:07 DAT 文件 9 KB
fixup4x.dat 2019/7/9 14:07 DAT 文件 9 KB
start.elf 2019/7/9 14:07 ELF 文件 2,811 KB
start_cd.elf 2019/7/9 14:07 ELF 文件 670 KB
start4.elf 2019/7/9 14:07 ELF 文件 2,695 KB
start4cd.elf 2019/7/9 14:07 ELF 文件 745 KB
start4db.elf 2019/7/9 14:07 ELF 文件 4,607 KB
start4x.elf 2019/7/9 14:07 ELF 文件 3,587 KB
bcm2708-rpi-b.dtb 2019/7/8 13:02 DTB 文件 24 KB
bcm2708-rpi-b-plus.dtb 2019/7/8 13:02 DTB 文件 24 KB
bcm2708-rpi-cm.dtb 2019/7/8 13:02 DTB 文件 24 KB
bcm2708-rpi-zero.dtb 2019/7/8 13:02 DTB 文件 24 KB
bcm2708-rpi-zero-w.dtb 2019/7/8 13:02 DTB 文件 24 KB
bcm2709-rpi-2-b.dtb 2019/7/8 13:02 DTB 文件 25 KB
bcm2710-rpi-3-b.dtb 2019/7/8 13:02 DTB 文件 26 KB
bcm2710-rpi-3-b-plus.dtb 2019/7/8 13:02 DTB 文件 27 KB
bcm2710-rpi-cm3.dtb 2019/7/8 13:02 DTB 文件 25 KB
bcm2711-rpi-4-b.dtb 2019/7/8 13:02 DTB 文件 40 KB
fixup.dat 2019/7/8 13:02 DAT 文件 7 KB
fixup_cd.dat 2019/7/8 13:02 DAT 文件 3 KB
kernel.img 2019/7/8 13:02 光盘映像文件 4,900 KB
kernel7.img 2019/7/8 13:02 光盘映像文件 5,176 KB
kernel7l.img 2019/7/8 13:02 光盘映像文件 5,470 KB
bootcode.bin 2019/6/24 15:21 BIN 文件 52 KB
COPYING.linux 2019/6/24 15:21 LINUX 文件 19 KB
LICENCE.broadcom 2019/6/24 15:21 BROADCOM 文件 2 KB
cmdline.txt 文本文档 1 KB
overlays 2019/7/10 0:07 文件夹
ssh 2019/9/15 9:34 文件 0 KB
无后缀文件ssh

图 2-14 在 boot 下新建一个空白文件

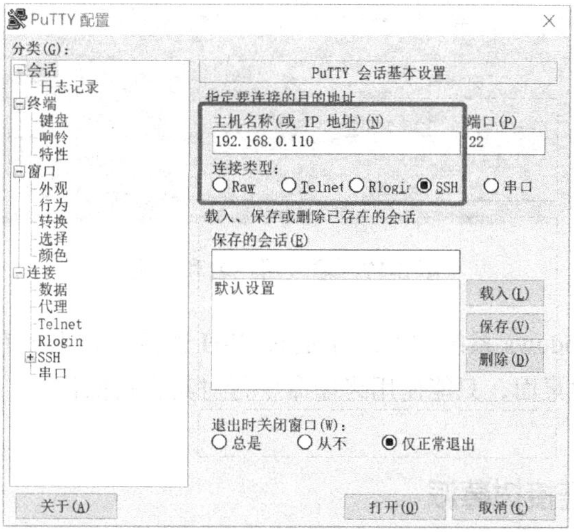

图 2-15 借助 Putty 软件来实现 SSH 连接

第一次连接时会向你确认连接密钥，请按“是”来确认，如图 2-16 所示。只有首次登录时会出现这个提示。

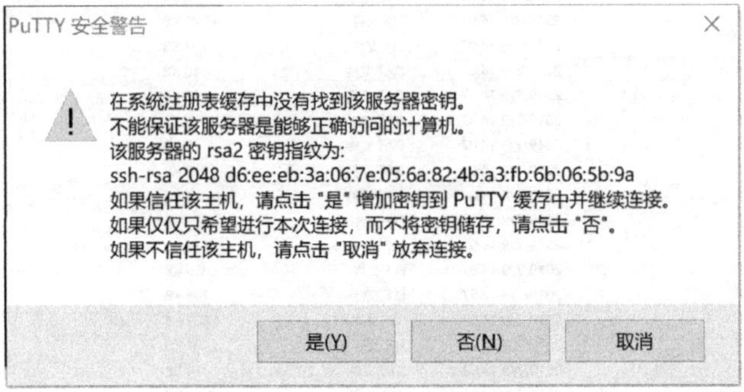

图 2-16　确认连接密钥

输入默认用户名 pi、密码 raspberry，注意，输入密码时是看不到任何字符的，如图 2-17 所示。

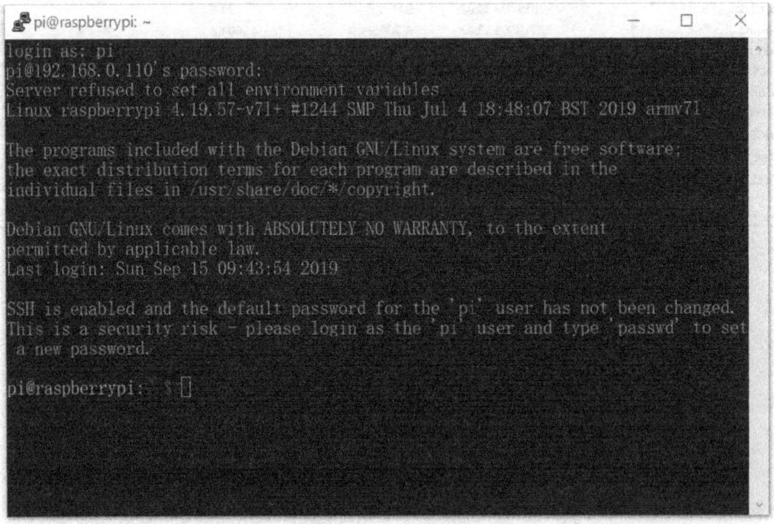

图 2-17　输入用户名和密码

这样我们就在 Windows 系统中实现了通过 SSH 连接树莓派。在 SSH 连接中，我们无法使用树莓派的图形化桌面，只能使用终端命令行对其进行操作。

2.4.2　使用 VNC 连接树莓派

使用 VNC 连接树莓派时，通过 Windows 上的 VNC Viewer，我们可以直接控制树莓派的图形化桌面，就像将 PC 的键鼠设备和显示器接入了树莓派一样。在连接之前，还是要打开树莓派的 VNC 连接选项。首先通过其他方式（外设或 SSH）打开树莓派的终端，输入命令：

```
$ sudo raspi-config
```

选择 Interfacing Options 项下的 P3 VNC，再选择打开就可以了，如图 2-18 所示。

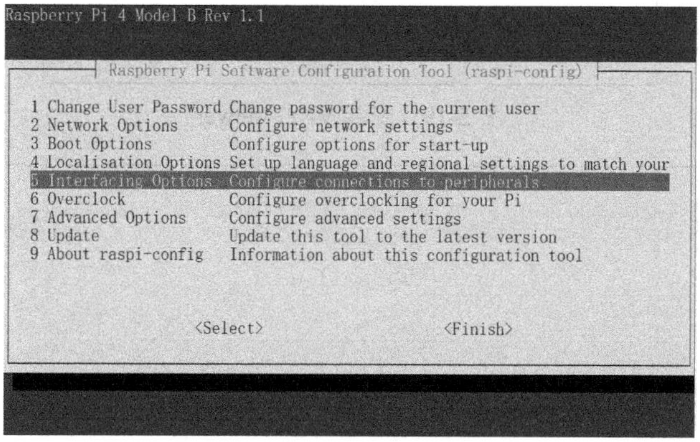

a）选择 Interfacing Options

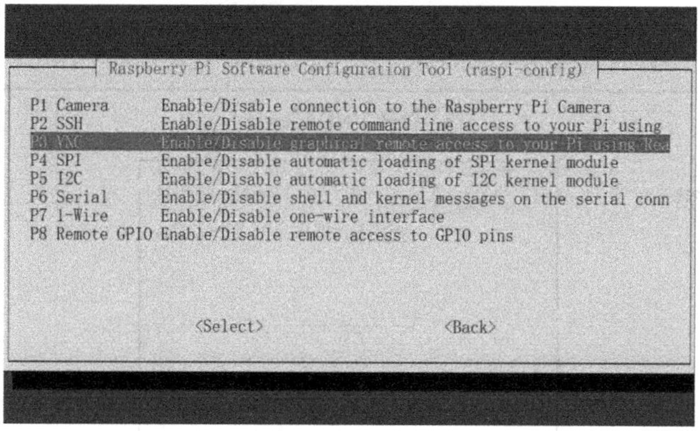

b）选择 P3 VNC

图 2-18　打开树莓派的 VNC 连接选项

我们需要在 Windows 系统上安装 VNC Viewer，它的官方下载地址是 https://www.realvnc.com/en/connect/download/viewer/，选择 Windows 系统与 EXE 安装文件即可，如图 2-19 所示。

安装并打开 VNC Viewer 之后，我们需要右键点击空白界面新建一个连接，输入树莓派的 IP，如图 2-20 所示。

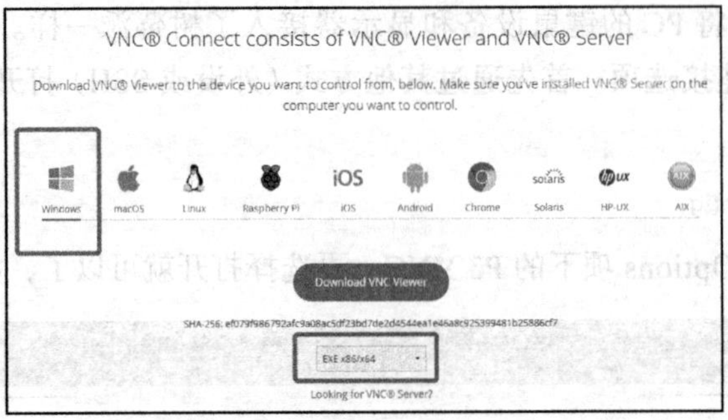

图 2-19 安装 VNC Viewer

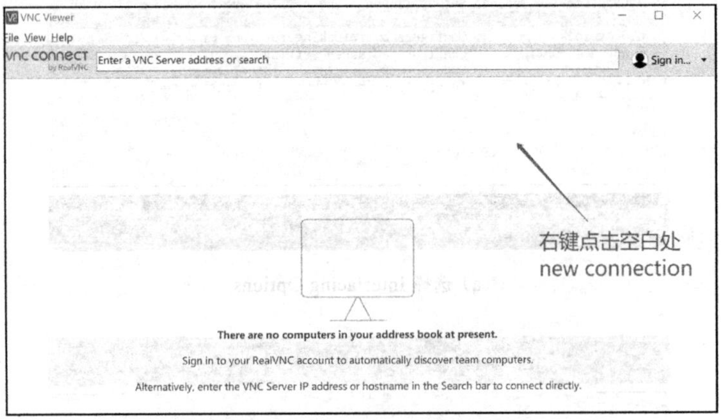

a）打开 VNC Viewer

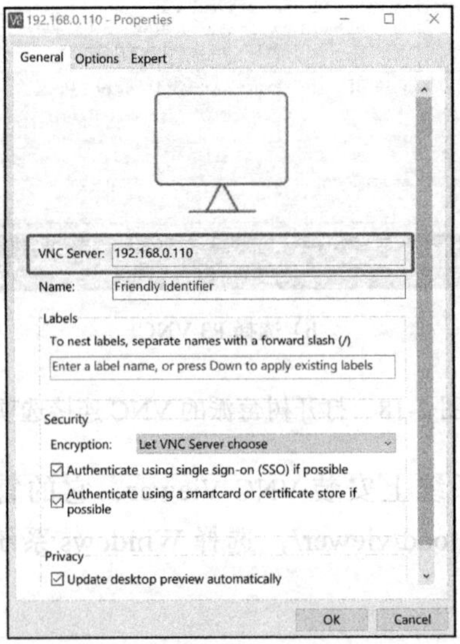

b）新建一个连接

图 2-20 使用 VNC 连接树莓派

第一次登录时需要输入用户名 pi、密码 raspberry，可以选择记住密码，这样下一次就不用重复输入了。登录界面如图 2-21 所示。

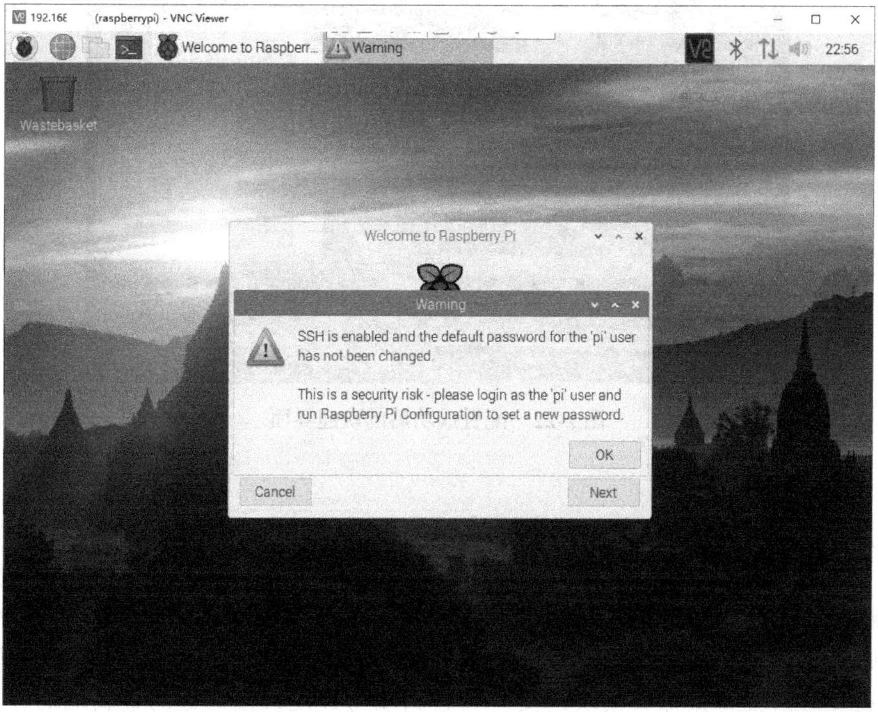

图 2-21　登录 VNC Viewer

注意　如果 VNC Viewer 显示 Cannot currently show the desktop，则需要将树莓派设置为默认启动到桌面并为桌面设置一个分辨率。

- 默认启动到桌面：选择 sudo raspi-configure → 3. Boot Options → B1 Desktop/CLI → B4 Desktop Autologin → Yes 之后，运行重启命令 $ sudo reboot 即可。
- 为桌面设置一个分辨率：依次按照 sudo raspi-config → 7. Advanced Options → A5 Resolution →选择一个分辨率进行设置，不要选默认 default，要选择具体的数值，比如选择 1024×768，然后选择 OK，之后运行重启命令 sudo reboot 即可。

这样我们就可以操作树莓派的图形化界面了，如图 2-22 所示。

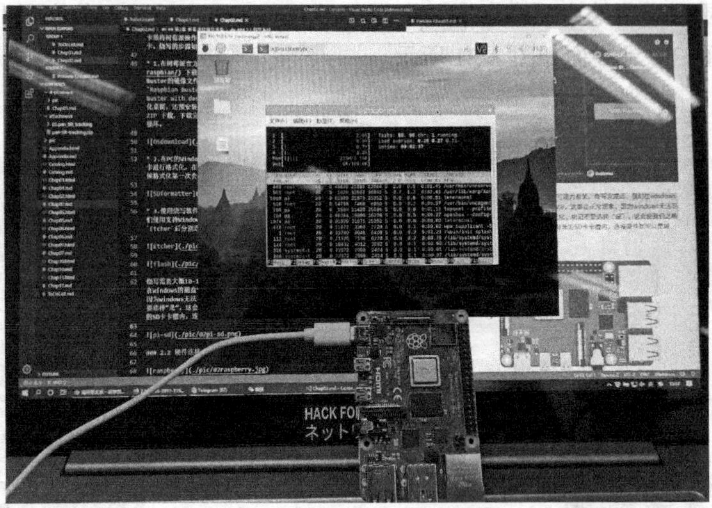

图 2-22　配置成功后的欢迎界面

2.5　使用相机模块拍摄一张照片

在熟悉了树莓派的操作方式后，在本节我们将使用树莓派的摄像头模块 PiCamera 来拍摄一张照片，如图 2-23 所示。树莓派开发板上提供了 PiCamera 摄像头模块的专用 CSI 接口。在安装时要将摄像头模块连接线的金属端与开发板接口处的金属端对应，此外，PiCamera 不像 USB 接口一样支持热插拔，所以在拆卸或者安装时应切断树莓派的电源，否则容易烧坏摄像头模块。

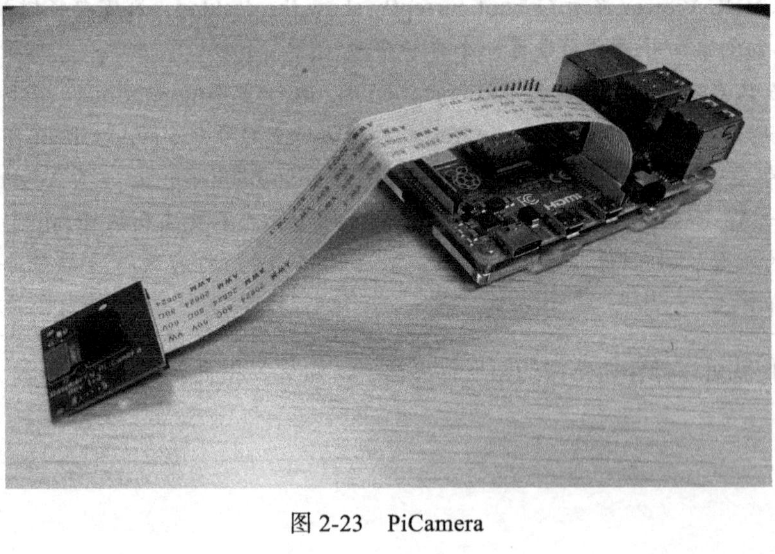

图 2-23　PiCamera

接好摄像头以后，打开电源。接下来我们需要在系统设置中启用摄像头。在终端中输入命令：

```
$ sudo raspi-config
```

选择 Interfacing Options 下的 P4 VNC，再选择打开就可以了，如图 2-24 所示。

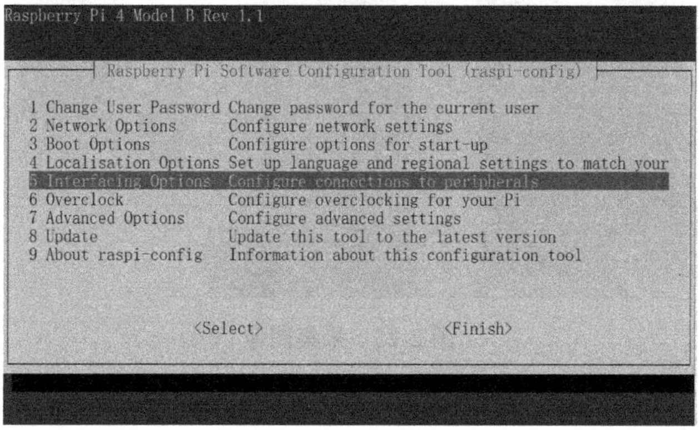

a）选择 Interfacing Options

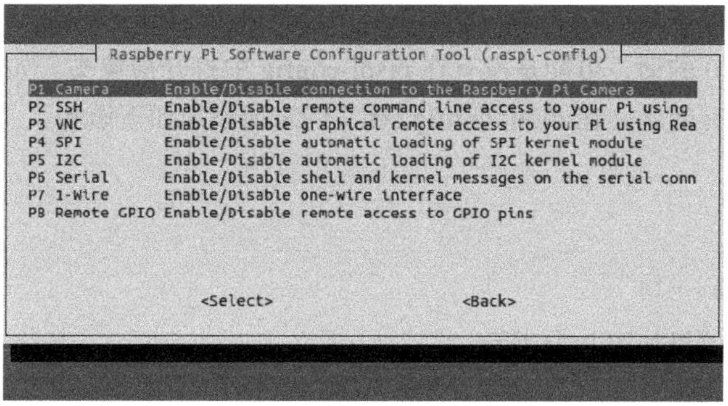

b）选择 P4 VNC

图 2-24　启用摄像头

打开之后可能需要重启，按照提示操作即可。

接下来我们使用 raspistill 命令利用摄像头采集一张图片。打开一个终端，输入命令：

```
$ raspistill -o ~/Desktop/image.jpg
```

其中，~/Desktop/image.jpg 是采集到的图像所保存的路径，“~”代指用户主目录。启动命令后，屏幕上会显示摄像头的视野，这一阶段会持续 5 秒，在第 5 秒的时候会采集并保存此时的图像。也就是说，在一个 5 秒的延时后进行采集。采集到的图像会按照我们设置的文件路径被存放在桌面上。如图 2-25 所示。

图 2-25 采集图像

如果在使用 raspistill 命令时报错，先检测是否识别到摄像头：

```
$ vcgencmd get camera
supported=1 detected=1
```

如果输出都是 0 的话，可能是没有在 raspi-config 中打开摄像头。如果输出都是 1，那么可能是内存的设置有问题，在 /boot/config.txt 文件末端添加如下语句：

```
gpu_mem=144
cma_lwm=16
cma_hwm=32
cma_offline_start=16
```

配置完成后，效果如图 2-26 所示。

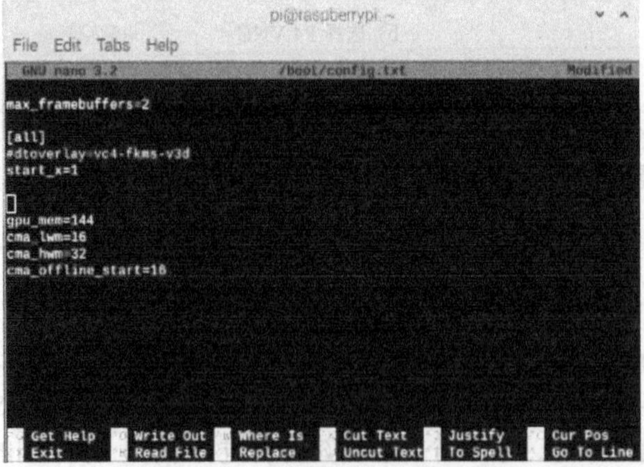

图 2-26 完成树莓派的相关配置

重启树莓派之后再使用摄像头拍摄应该就可以了。

2.6 本章小结

在本章，我们成功点亮了树莓派，学习了 Linux 系统的一些基本操作和常用命令，并学习了如何通过外接设备、SSH 连接、VNC 连接三种方式来操作树莓派，最后，我们还成功使用摄像头拍摄了一张图像。这些都是之后实践机器视觉的基础，在接下来的学习过程中会频繁使用这些操作。同时，希望读者多多熟悉 Linux 系统和命令体系，这对后续树莓派的学习和应用很有帮助。

Chapter 3 第 3 章

安装 OpenCV

在本章我们将介绍在各种硬件条件以及各种环境下安装 OpenCV 的方法，可以使用 OpenCV 直接连接树莓派摄像头拍照和拍摄，也可以使用树莓派自己的拍照、拍摄算法进行拍摄，然后用树莓派运行 OpenCV 来对图片进行二次处理，还可以把图片或视频甚至视频流传输到性能更加强大的主机上进行处理，因此我们需要在树莓派和各种系统的主机上均安装 OpenCV。本章的后面还会介绍 OpenCV 4 的源码安装方法以供参考。

3.1 使用 pip 安装 OpenCV

我们可以从 OpenCV 的官方网站上下载源码并编译安装 OpenCV，这样可以使你对 OpenCV 的管理更加自由，但是这种方法难度较大而且会消耗大量的时间。使用 pip 工具来安装和管理 Python 软件包则是一种既快速又便捷的方法。PyPI（Python Package Index）是 Python 官方的第三方库的仓库，而 pip（官方网址为 https://pypi.org/project/pip/）是 PyPI 推荐的 Python 包管理工具，它提供了对 Pythono 包的查找、下载、安装、卸载的功能。在本章，我们将逐个介绍在 Ubuntu、macOS 以及树莓派系统中如何使用 pip 安装 OpenCV。为什么要介绍在这么多系统上安装 OpenCV 的方法呢？首先因为 pip 是跨平台的，在诸多系统上都可以正常运行；其次我们在第 11 章中需要先把 OpenCV 帧传出去，在宿主机上进行处理，所以在主机上也需要安装 OpenCV。

注意，我们使用树莓派上的 pip 安装的 OpenCV 不是由 OpenCV 官方（https://opencv.org/）提供的，而是由 PyPI/PiWheels 提供的。所以其 OpenCV 版本中不包含“non-free”

算法，例如该版本中不包含 SIFT、SURF 以及其他具有专利的算法。但如果你只想快速搭建一个 OpenCV 的环境，而且无须用到“non-free”算法，使用 pip 工具来安装是很方便的。

通过 pip 工具安装 OpenCV 时，有 4 种版本可供选择。

- opencv-python：这个版本只提供了 OpenCV 的基础模块，不建议安装。
- opencv-contrib-python：这个版本提供了 OpenCV 的基础模块和扩展模块，基本上包含了 OpenCV 的全部功能，建议安装。
- opencv-python-headless：在 opencv-python 的基础上去掉了 GUI（图形用户界面）功能，适用于命令行系统。
- opencv-python-contrib-headless：在 opencv-contrib-python 的基础上去掉了 GUI 功能，适用于命令行系统。

opencv-python 与 opencv-contrib-python 选其一安装即可。为了适应大多数情况，推荐安装 opencv-contrib-python。

3.1.1　在 Ubuntu 上使用 pip 安装 OpenCV

首先，我们通过 wget 的方法安装 pip 工具：

```
$ wget https://bootstrap.pypa.io/get-pip.py
$ sudo python3 get-pip.py
```

稍等片刻，pip 工具就安装好了，接下来有两种安装 OpenCV 的方案。

方案一：将 OpenCV 安装在 Python 全局环境中（不推荐）

打开终端执行下面的命令：

```
$ sudo pip install opencv-contrib-python
```

等待片刻后，OpenCV 就安装在系统的 Python 全局环境中了。但是我们不推荐这种安装方法，因为当你在开发其他项目时，可能会用到其他版本的 OpenCV，把它们都安装在全局环境中很容易发生混乱。当然，如果只是专门用来做一个项目，直接安装在全局环境中也是没有问题的。但是，我们还是推荐使用下面的安装方法，将 OpenCV 安装在虚拟环境中。

方案二：将 OpenCV 安装在虚拟环境中（推荐）

将 OpenCV 安装在虚拟环境中将会对我们的项目管理提供很大的便利，首先执行下面的命令安装虚拟环境管理工具 virtualenv 和 virtualenvwrapper（当然你也可以使用 Anaconda 等工具）：

```
$ pip install virtualenv virtualenvwrapper
```

安装完毕后，使用 nano、emacs 或者 vim 打开 ~/.bashrc, 并将下列语句加在文件的末尾：

```
# virtualenv and virtualenvwrapper
export WORKON_HOME=$HOME/.virtualenvs
export VIRTUALENVWRAPPER_PYTHON=/usr/bin/python3
source /usr/local/bin/virtualenvwrapper.sh
```

保存文件后，在终端中输入命令：

```
$ source ~/.bashrc
```

在终端输出中将会显示 virtualenvwrapper 已经准备就绪，请确保这一步没有报错。此外，关于 virtualenvwrapper 的一些基本操作命令如下：

- 使用 mkvirtualenv 命令创建虚拟环境；
- 使用 workon 命令激活虚拟环境（或切换到另一个环境）；
- 使用 deactivate 命令取消激活虚拟环境；
- 使用 rmvirtualenv 命令删除虚拟环境。

关于 virtualenvwrapper 的更多操作请参见其相关网址（https://virtualenvwrapper.readthedocs.io/en/latest/）。

安装好管理虚拟环境的工具后，我们回到 OpenCV 的安装。接下来打开终端，使用 mkvirtualenv 命令创建一个名为 py3cv3 的虚拟环境（这个名字是笔者自己取的，意为这个环境中使用的是 Python3 和 OpenCV 3，你也可以换成其他名字）。然后使用 workon 命令激活 py3cv3，之后你也可以随时用这个命令切换到 py3cv3：

```
# 创建并激活py3cv3
$ mkvirtualenv py3cv3 -p python3
$ workon py3cv3
# 如果切换失败，请执行下列语句
$ source ~/.bashrc
$ workon py3cv3
```

现在就到了激动人心的安装 OpenCV 的环节，只需要执行一个命令，即可将 OpenCV 安装在 py3cv3 中：

```
$ pip install opencv-contrib-python
```

安装完成后，可以使用下列命令检查 OpenCV 是否已成功安装：

```
$ workon py3cv3
$ python
>>> import cv2
>>> cv2.__version__
```

如果输出了 OpenCV 的版本则表示安装成功。

至此，在 Ubuntu 中安装 OpenCV 的操作就结束了。

3.1.2 在 macOS 上使用 pip 安装 OpenCV

在 macOS 上安装 OpenCV 与在 Ubuntu 上安装相似，首先，我们通过 wget 的方法安装 pip 工具：

```
$ wget https://bootstrap.pypa.io/get-pip.py
$ sudo python3 get-pip.py
```

稍等片刻，pip 工具就安装好了，接下来有两种安装 OpenCV 的方案。

方案一：将 OpenCV 安装在 Python 全局环境中

打开终端执行下面的命令：

```
$ sudo pip install opencv-contrib-python
```

等待片刻后，OpenCV 就安装在系统的 Python 全局环境中了。与在 Ubuntu 上安装相同，我们同样不推荐这种安装方法，因为当你在开发其他项目时，可能会用到其他版本的 OpenCV，把它们都安装在全局环境中很容易发生混乱。如果你对 macOS 系统的开发与更新很在意的话，还是推荐你使用下面的虚拟环境。

方案二：将 OpenCV 安装在虚拟环境中

将 OpenCV 安装在虚拟环境中将会对我们的项目管理提供很大的便利，首先执行下面的命令安装虚拟环境管理工具 virtualenv 和 virtualenvwrapper（当然你也可以使用 Anaconda 等工具）：

```
$ pip install virtualenv virtualenvwrapper
```

安装完毕后，使用 nano、emacs 或者 vim 打开 ~/.bash_profile，并将下列语句加在文件的末尾：

```
# virtualenv and virtualenvwrapper
export WORKON_HOME=$HOME/.virtualenvs
export VIRTUALENVWRAPPER_PYTHON=/usr/local/bin/python3
source /usr/local/bin/virtualenvwrapper.sh
```

保存文件后，在终端中输入命令：

```
$ source ~/.bash_profile
```

在终端输出中将会显示 virtualenvwrapper 已经准备就绪，请确保这一步没有报错。此外，关于 virtualenvwrapper 的一些基本操作命令如前所述。

安装好管理虚拟环境的工具后，我们回到 OpenCV 的安装。接下来打开终端，使用 mkvirtualenv 命令创建一个名为 py3cv3 的虚拟环境。然后使用 workon 命令激活 py3cv3，之后你也可以随时用这个命令切换到 py3cv3：

```
# 创建并激活py3cv3
$ mkvirtualenv py3cv3 -p python3
$ workon py3cv3
# 如果切换失败，请执行下列语句
$ source ~/.bash_profile
$ workon py3cv3
```

现在就到了激动人心的安装 OpenCV 的环节，只需要执行一个命令，即可将 OpenCV 安装在 py3cv3 中：

```
$ pip install opencv-contrib-python
```

安装完成后，可以使用下列命令来检查一下：

```
$ workon py3cv3
$ python
>>> import cv2
>>> cv2.__version__
```

如果输出了 OpenCV 的版本则表示安装成功。

至此，在 macOS 中安装 OpenCV 的操作就结束了。

3.1.3 在树莓派上使用 pip 安装 OpenCV

在树莓派中使用 pip 命令安装 OpenCV 十分方便，它会自动选择 PiWheels 中预编译好的 OpenCV，节省很多时间。

首先我们要安装一些依赖项：

```
$ sudo apt-get install libhdf5-dev libhdf5-serial-dev libhdf5-100
$ sudo apt-get install libqtgui4 libqtwebkit4 libqt4-test python3-pyqt5
$ sudo apt-get install libatlas-base-dev
$ sudo apt-get install libjasper-dev
```

安装完成后，我们通过 wget 的方法安装 pip 工具：

```
$ wget https://bootstrap.pypa.io/get-pip.py
$ sudo python3 get-pip.py
```

至此，通过 pip 安装 OpenCV 的准备工作就结束了，接下来有两种安装方案。

方案一：将 OpenCV 安装在 Python 全局环境中

打开终端执行下面的命令：

```
$ sudo pip install opencv-contrib-python
```

等待片刻后，OpenCV 就安装在树莓派的 Python 全局环境中了，但是同样我们不推荐这种安装方法。

方案二：将 OpenCV 安装在虚拟环境中

将 OpenCV 安装在虚拟环境中将会对我们的项目管理提供很大的便利，首先执行下面的命令安装虚拟环境管理工具 virtualenv 和 virtualenvwrapper：

```
$ pip install virtualenv virtualenvwrapper
```

安装完毕后，如图 3-1 所示，使用 nano、emacs 或者 vim 打开 ~/.profile, 并将下列语句加在文件的末尾：

```
# virtualenv and virtualenvwrapper
export WORKON_HOME=$HOME/.virtualenvs
export VIRTUALENVWRAPPER_PYTHON=/usr/bin/python3
source /usr/local/bin/virtualenvwrapper.sh
```

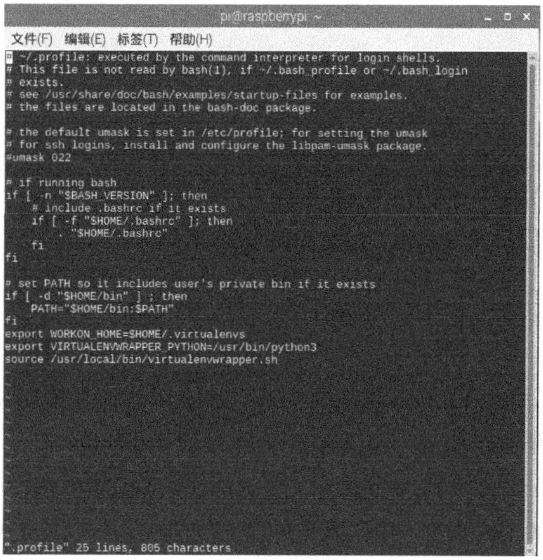

图 3-1 安装后的界面示意图

注意 此时在树莓派的环境下编辑的是 ~/.profile 而不是 macOS 下的 ~/.bash_profile，也不是 Ubuntu 下的 ~/.bashrc。

保存文件后，在终端中输入命令：

```
source ~/.profile
```

在终端输出中将会显示 virtualenvwrapper 已经准备就绪，请确保这一步没有报错。此外，关于 virtualenvwrapper 的一些基本操作命令如前所述。

安装好管理虚拟环境的工具后，我们回到 OpenCV 的安装。接下来打开终端，使用 mkvirtualenv 命令创建一个名为 py3cv3 的虚拟环境（这个名字是笔者自己取的，意为这个环境中使用的是 Python3 和 OpenCV3，你也可以换成其他名字）。然后使用 workon 命令激活 py3cv3，之后你也可以随时用这个命令切换到 py3cv3：

```
# 创建并激活py3cv3
$ mkvirtualenv py3cv3 -p python3
$ workon py3cv3
# 如果切换失败，请执行下列语句
$ source ~/.profile
$ workon py3cv3
```

现在就到了激动人心的安装 OpenCV 的环节，只需要执行一个命令，即可将 OpenCV 安装在 py3cv3 中：

```
$ pip install opencv-contrib-python
```

安装完成后，可以使用下列命令来检查一下：

```
$ workon py3cv3
$ python
>>> import cv2
>>> cv2.__version__
```

如果输出了 OpenCV 的版本则表示安装成功。

至此，在树莓派中安装 OpenCV 的操作就结束了。

3.1.4 注意事项

1）并不是所有版本的 Python 都提供了可以使用 pip 安装的 OpenCV。在 PyPi 库中可能还没有及时发布可供新版本的 Python 以及新版本的操作系统使用的 OpenCV，当然不再更新的旧版本操作系统可能也会遇到同样的问题。在这种情况下，你可以等待适合你的 Python 和操作系统的 OpenCV 二进制文件库发布或者从 OpenCV 官方网站下载源码并编译。

2）在使用 cv2.imshow 和 cv2.waitkey 的过程中若出现问题，OpenCV 可能会报错，显示 OpenCV 没有与 GTK 以及 QT 框架一起编译。如果无须使用 GUI 功能（尤其是 highgui 模块），那么这些错误不会影响你使用 OpenCV 的其他功能。如果需要使用，那么从 OpenCV 官方网站下载源码并编译是更好的选择。

3）使用 pip 安装的 OpenCV 中不包含“non-free”算法，比如 SIFT、SURF 以及其他具有专利的算法。如果需要使用这些算法，还是应当从 OpenCV 官方网站下载源码并编译。

本节介绍了如何在各种常见系统上使用 pip 快速安装 OpenCV。这种方法十分简便，可以快速搭建 OpenCV 环境，为读者学习计算机视觉搭建一个平台。虽然在一些特殊情况下可能会遇到问题，但读者可以根据需要从 OpenCV 官方网站下载源码并自行编译。

3.2 树莓派源码编译安装 OpenCV 4

OpenCV 官方在 2018 年 11 月 20 日发布了 OpenCV 4，新发布的版本添加了一些优化，并更新了深度学习模块。但是目前 PyPi 还未发布编译好的 OpenCV 4 二进制文件库，所以我们还无法使用 pip 来安装 OpenCV 4。目前只能通过在 OpenCV 官方网站下载源码并编译来使用 OpenCV 4。本节将介绍如何在树莓派上编译安装 OpenCV 4。

在开始安装之前，建议读者检查自己的树莓派版本以及操作系统版本，树莓派的版本最好在 3B 或者 3B+ 以上，并安装有 Raspbian Stretch OS（如果系统需要升级，请在树莓派官方网站下载合适的版本，通过 Etcher 等工具将系统刻录在 SD 卡上）。

此外，如果读者不方便使用 HDMI 显示器以及键盘等外设，可以通过 SSH 或者 VNC 的方式使用树莓派（具体在第 2 章已经讲过，这里不再赘述）。本节将主要使用 VNC 的方法。

3.2.1 扩展 TF 卡并安装依赖

安装 OpenCV 4 需要较大的空间，如果你使用的是全新的 Raspbian Stretch OS，则需要扩展树莓派系统的文件系统，使树莓派可以使用整个 micro-SD 卡的空间。在命令行中输入如下命令：$ sudo raspi-config，并选择“7 Advanced Options”，如图 3-2 所示。

接下来选择“A1 Expand File System”，如图 3-3 所示。

按下回车键确认后，重启树莓派，如果没有自动重启，则打开命令行输入：

```
$ sudo reboot
```

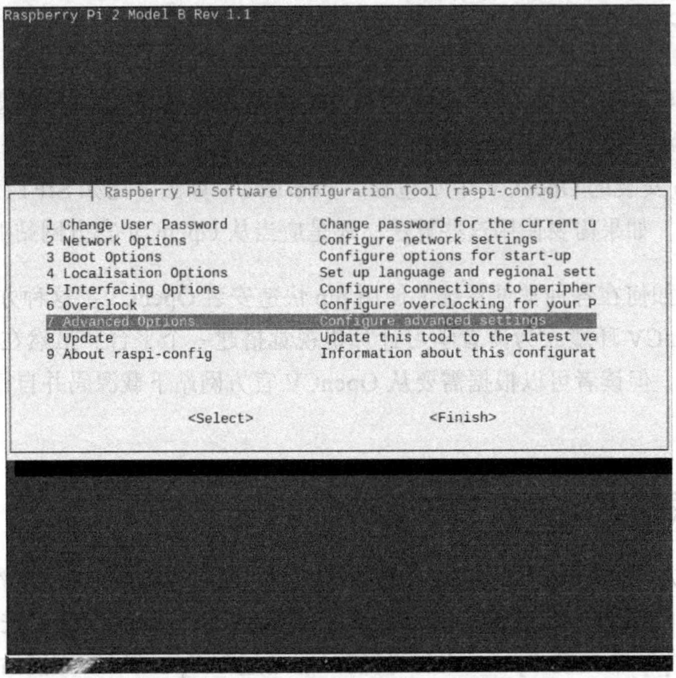

图 3-2 选择“7 Advanced Options”

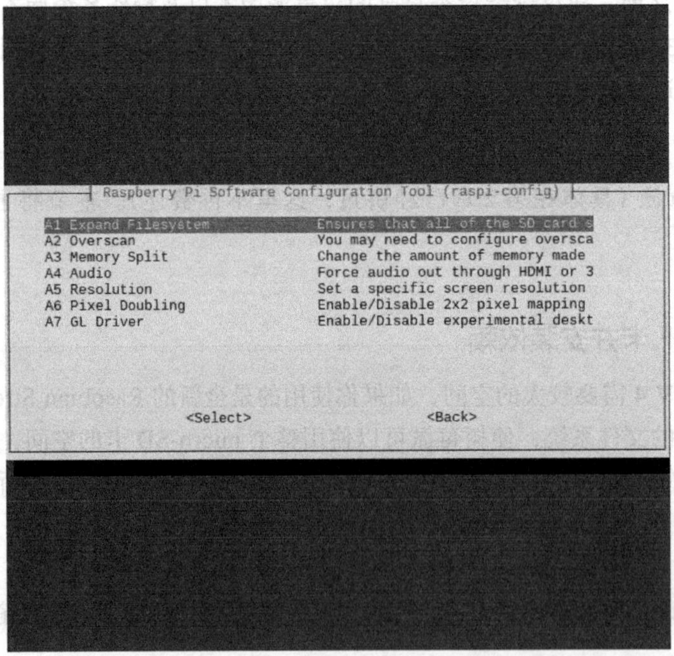

图 3-3 选择“A1 Expand File System”

重启之后，树莓派系统就可以使用整个 micro-SD 卡的空间了。可以通过在树莓派中输入下面命令来查看空间使用情况，效果如图 3-4 所示。

```
$ df -h
```

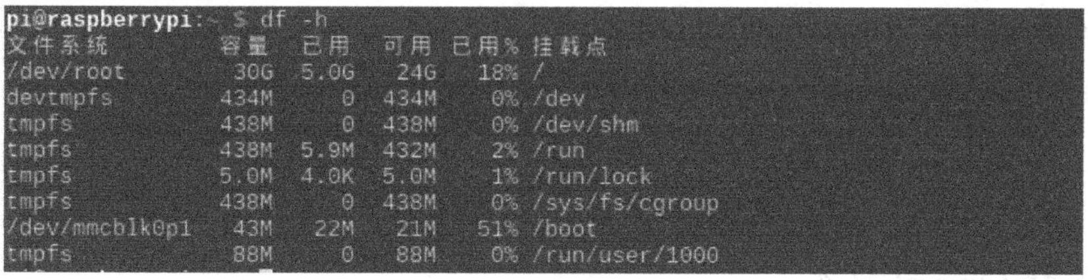

图 3-4 查看空间使用情况

可以看到，树莓派的文件系统被扩展到整个 32GB 的空间。然而，即使空间扩展到了 32GB，仍然显示已经使用了 15% 的空间，也就是约 5GB。对于使用 8GB 存储卡的用户来说，可用空间不足 50%，这时可以选择卸载 LibreOffice 和 Wolfram engine 这样不常用的软件，在命令行中执行命令：

```
$ sudo apt-get purge wolfram-engine
$ sudo apt-get purge libreoffice*
$ sudo apt-get clean
$ sudo apt-get autoremove
```

卸载之后可以清空大概 1GB 的空间。

接下来我们来安装 OpenCV 的依赖包，首先更新系统：

```
$ sudo apt-get update
$ sudo apt-get upgrade
```

安装一些开发者工具，如 CMake 等：

```
$ sudo apt-get install build-essential
$ sudo apt-get install cmake
$ sudo apt-get install unzip
$ sudo apt-get install pkg-config
```

还需要安装一些处理图像与视频时必需的依赖：

```
$ sudo apt-get install libjpeg-dev libpng-dev libtiff-dev
$ sudo apt-get install libavcodec-dev libavformat-dev libswscale-dev libv4l-dev
$ sudo apt-get install libxvidcore-dev libx264-dev
```

安装 GTK（GUI 的后端），以下第二行命令可以减少使用 GTK 时产生的错误：

```
$ sudo apt-get install libgtk-3-dev
```

```
$ sudo apt-get install libcanberra-gtk*
```

安装一些可以优化 OpenCV 使用的包：

```
$ sudo apt-get install libatlas-base-dev gfortran
$ sudo apt-get install gfortran
```

最后安装 Python 3 development headers：

```
$ sudo apt-get install python3-dev
```

完成上述安装后，就可以进行下一步了。

3.2.2 下载 OpenCV 4

接下来我们要下载 OpenCV 4 的源码。

首先切换到用户主目录，然后下载 opencv 和 opencv_contrib。opencv 中包含了 OpenCV 4 的基本功能，opencv_contrib 中包含了很多常用的模块和函数。在安装时我们应当同时安装两部分。在命令行中执行下列命令：

```
$ cd ~
$ wget -O opencv.zip https://github.com/opencv/opencv/archive/4.0.0.zip
$ wget -O opencv_contrib.zip https://github.com/opencv/opencv_contrib/archive/4.0.0.zip
```

下载完成后解压到用户主目录：

```
$ unzip opencv.zip
$ unzip opencv_contrib.zip
```

解压完成后重命名目录：

```
$ mv opencv-4.0.0 opencv
$ mv opencv_contrib-4.0.0 opencv_contrib
```

如果跳过了重命名这一步，在之后配置 CMake 路径时要记得将路径改成对应的目录。

3.2.3 为 OpenCV 4 搭建基于 Python 3 的虚拟环境

将 OpenCV 4 安装在虚拟环境中将会对我们的软件包管理提供很大的便利，在树莓派上实现多种版本的 Python 和各种软件包的共存。首先我们在树莓派上安装 pip 工具：

```
$ wget https://bootstrap.pypa.io/get-pip.py
$ sudo python3 get-pip.py
```

执行下面的命令安装虚拟环境管理工具 virtualenv 和 virtualenvwrapper：

```
$ pip install virtualenv virtualenvwrapper
```

```
$ sudo rm -rf ~/get-pip.py ~/.cache/pip
```

安装完毕后，使用 nano、emacs 或者 vim 打开 ~/.profile，并将下列语句加在文件的末尾：

```
# virtualenv and virtualenvwrapper
export WORKON_HOME=$HOME/.virtualenvs
export VIRTUALENVWRAPPER_PYTHON=/usr/bin/python3
source /usr/local/bin/virtualenvwrapper.sh
```

如果你使用的是命令行，则执行下列代码，运行结果如图 3-5 所示。

```
$ echo -e "\n# virtualenv and virtualenvwrapper" >> ~/.profile
$ echo "export WORKON_HOME=$HOME/.virtualenvs" >> ~/.profile
$ echo "export VIRTUALENVWRAPPER_PYTHON=/usr/bin/python3" >> ~/.profile
$ echo "source /usr/local/bin/virtualenvwrapper.sh" >> ~/.profile
```

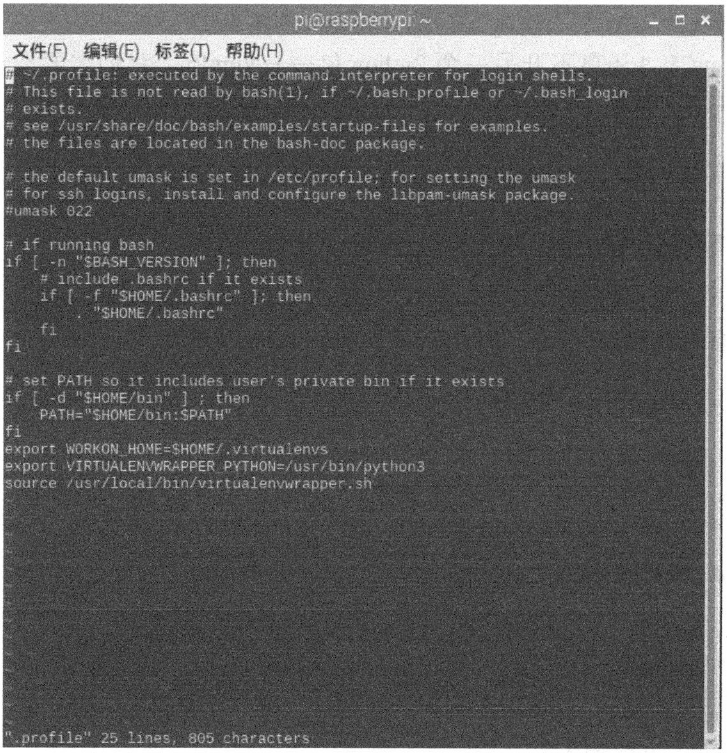

图 3-5 运行结果

注意：此时在树莓派的环境下编辑的是 ~/.profile，而不是 macOS 下的 ~/.bash_profile，也不是 Ubuntu 下的 ~/.bashrc。

保存文件后，在终端输入命令：

```
source ~/.profile
```

在终端输出中将会显示 virtualenvwrapper 已经准备就绪，请确保这一步没有报错。此外，关于 virtualenvwrapper 的一些基本操作命令如前所述。

安装好管理虚拟环境的工具后，我们回到 OpenCV 的安装。接下来使用 mkvirtualenv 命令创建一个名为 py3cv4 的虚拟环境（你也可以换成其他名字）。然后使用 workon 命令激活 py3cv4，之后你也可以随时用这个命令切换到 py3cv4：

```
# 创建并激活py3cv4
$ mkvirtualenv py3cv4 -p python3
$ workon py3cv4
# 如果切换失败，请执行下列语句
$ source ~/.profile
$ workon py3cv4
```

此外，OpenCV 4 还离不开另一个 Python 包——NumPy，我们需要在 py3cv4 中安装 NumPy，使用 pip 工具就可以完成：

```
$ pip install numpy
```

3.2.4 构建和编译 OpenCV 4

在这一步中，我们将首先使用 CMake 构建 OpenCV 4，之后使用 make 命令进行编译，这一步将会比较耗时间。

首先，在 ~/opencv 目录下创建一个 build 子目录：

```
$ cd ~/opencv
$ mkdir build
$ cd build
```

使用 CMake 来构建 OpenCV 4：

```
$ cmake -D CMAKE_BUILD_TYPE=RELEASE \
    -D CMAKE_INSTALL_PREFIX=/usr/local \
    -D OPENCV_EXTRA_MODULES_PATH=~/opencv_contrib/modules \
    -D ENABLE_NEON=ON \
    -D ENABLE_VFPV3=ON \
    -D BUILD_TESTS=OFF \
    -D OPENCV_ENABLE_NONFREE=ON \
    -D INSTALL_PYTHON_EXAMPLES=OFF \
    -D BUILD_EXAMPLES=OFF ..
```

注意 OPENCV_ENABLE_NONFREE=ON 这个选项，把它设置为 True 时，可以使用 SIFT、SURF 以及其他具有专利的算法。

在这里，要确认 OPENCV_EXTRA_MODULES_PATH 的目录是我们之前下载的 opencv_contrib 的解压目录，如果读者在之前的小节中执行了重命名的步骤，则无须修改。如果没有重命名，则需要根据自己的情况把路径改为 opencv_contrib 的解压目录。

CMake 执行完毕后，终端输出应当如图 3-6 所示，请在这里停下来确认一下 Interpreter 的路径是否为正确的 Python 3 路径，以及 Numpy 是否被成功安装在了虚拟环境中。

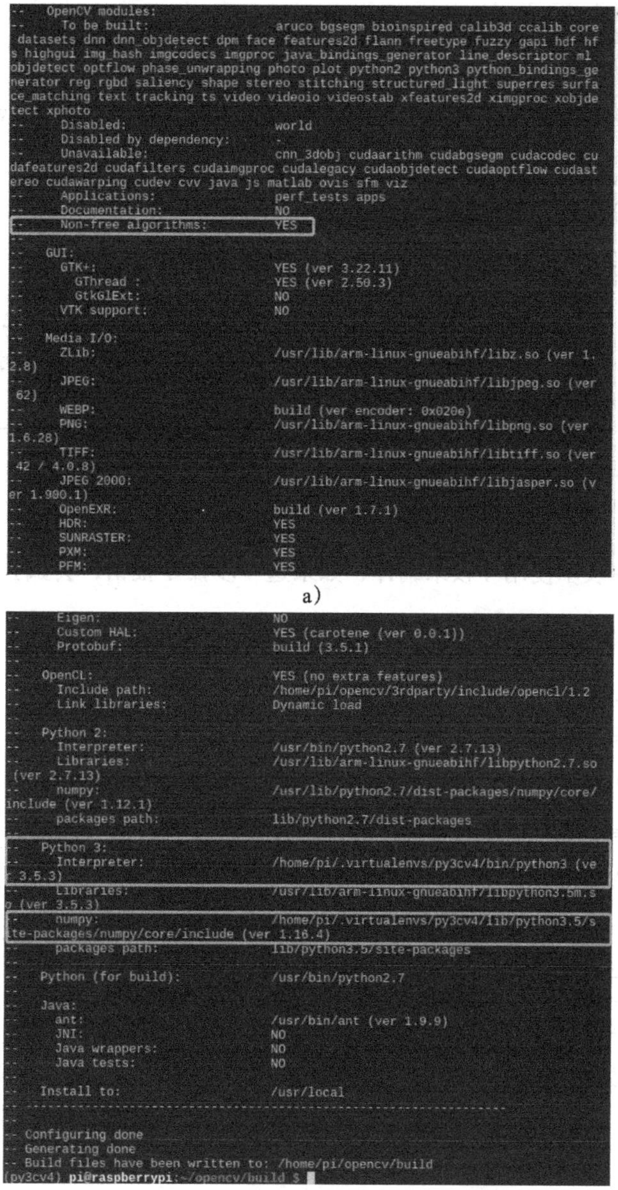

b)

图 3-6　确认是否为解压目录对应的路径

在编译之前，我们需要扩大一下交换空间（swap space），这样可以使得在编译 OpenCV 4 时使用树莓派的全部 4 核，节约时间。首先，打开文件 /etc/dphys-swapfile：

```
$ sudo nano /etc/dphys-swapfile
```

然后编辑 CONF_SWAPSIZE：

```
# set size to absolute value, leaving empty (default) then uses computed value
#   you most likely don't want this, unless you have an special disk situation
# CONF_SWAPSIZE=100
CONF_SWAPSIZE=2048
```

这样我们就把交换空间的大小由 100MB 增加到 2048MB 了。重启 swap 服务：

```
$ sudo /etc/init.d/dphys-swapfile stop
$ sudo /etc/init.d/dphys-swapfile start
```

注意 增加 swap 空间的大小可能会烧毁 micro-SD 卡，这是由于 Flash 存储器对数据写入具有一定的限制。当然，短时间内扩大交换空间是允许的。无论怎样，希望读者可以备份系统文件，如果在安装 OpenCV 和 Python 的过程中出现树莓派的存储卡崩溃的情况，则需要读者重新刻录系统。

接下来开始编译：

```
$ make -j4
```

参数 -j4 的命令表示使用 4 核来编译，如果这一步命令报错，尝试去掉“-j4”再运行。

编译完成且没有报错以后，执行如下命令：

```
$ sudo make install
$ sudo ldconfig
```

最后，不要忘记修改交换空间的大小。

```
$ sudo nano /etc/dphys-swapfile
```

编辑 CONF_SWAPSIZE 变量：

```
# set size to absolute value, leaving empty (default) then uses computed value
#   you most likely don't want this, unless you have an special disk situation
CONF_SWAPSIZE=100
# CONF_SWAPSIZE=2048
```

这样我们就把交换空间的大小由 2048MB 改回 100MB 了。重启 swap 服务：

```
$ sudo /etc/init.d/dphys-swapfile stop
$ sudo /etc/init.d/dphys-swapfile start
```

最后我们将 OpenCV 4 链接至创建的 Python 3 虚拟环境中，这一步十分重要，我们需要把 OpenCV 4 链接至虚拟环境的 site-packages。为了保证链接的路径适应于你的树莓派，在输入下列命令的过程中建议使用 Tab 键自动补全目录：

```
$ cd ~/.virtualenvs/py3cv4/lib/python3.5/site-packages/
$ ln -s /usr/local/python/cv2/python-3.5/cv2.cpython-35m-arm-linux-gnueabihf.so cv2.so
$ cd ~
```

3.2.5 测试 OpenCV 4

若完成以上的步骤且没有报错，则说明 OpenCV 4 已经安装好了。下面我们使用一个简单的命令做一个测试：

```
$ workon py3cv4
# 如果切换失败，请执行下列语句
$ source ~/.profile
$ workon py3cv4

$ python
>>> import cv2
>>> cv2.__version__
'4.0.0'
```

至此，在树莓派中安装 OpenCV 4 的过程就成功结束啦！

3.2.6 可能遇到的问题

1. 如何将系统文件烧录至 SD 卡

准备一张空的 16GB 或者 32GB 的 Micro-SD 卡，通过读卡器接到电脑上。使用 Etcher 将下载好的 Raspbian Stretch OS 映像文件烧录到存储卡，Etcher 可以在 Windows、Linux 以及 macOS 上运行。烧录完成后将存储卡插入树莓派的卡槽中，启动树莓派即可开始配置系统。

2. 可以使用 Python 2.7 来安装吗

可以但不推荐，因为 Python 2.7 即将被抛弃，Python 3 是目前的标准。如果执意使用 Python 2.7 安装，需要对之前的安装步骤做一些修改。

首先安装 Python 2.7：

```
$ sudo apt-get install python2.7 python2.7-dev
```

在创建虚拟环境之前，首先安装 Python 2.7 版本的 pip 工具：

```
$ sudo python2.7 get-pip.py
```

同样是在创建虚拟环境时，也要修改相应的选项：

```
$ mkvirtualenv py2cv4 -p python2.7
```

其他步骤与使用 Python 3 相同。

3. 可以使用 pip 直接安装 OpenCV 4

未来是可以的，但是在 PiWheels 推出 OpenCV 4 二进制文件库之前，我们还是需要下载源码并编译。

4. 可以使用 apt-get 来安装 OpenCV 4 吗

强烈建议不要试图使用 apt-get 来安装 OpenCV 4（即使这条命令可以使用）。首先，apt-get 目前还不支持 OpenCV 4 的安装，此外，这也不方便我们使用虚拟环境管理不同版本的软件包，你也无法控制 OpenCV 4 的构建和编译。

5. 使用 mkvirtualenv 或 workon 命令时，终端提示“command not found”

出现这种情况有以下几个原因：

1）首先确认一下是否正确使用 pip 安装了 virtualenv 和 virtualenvwrapper。在终端中使用命令 pip freeze，查看 virtualenv 和 virtualenvwrapper 是否在已安装的列表中。

2）检查 ~/.profile 中是否有错误。检查在文件中是否正确使用了 source 和 export 命令，需要添加在文件中的语句是否正确添加。

3）不要忘记在编辑完之后执行命令 source ~/.profile。

6. 打开一个新终端或者重启树莓派以后，无法使用 mkvirtualenv 或 workon 命令

如果你使用树莓派的桌面，这种情况确实有可能发生。当打开一个终端时，会执行默认的 profile 文件，而不是执行我们修改以后的文件。请参考上一个问题的第 2 步和第 3 步。使用 SSH 连接树莓派时一般不会遇到这个问题。

7. 在使用时，报错“Import Erorr: No module named cv2”

出现这种情况的原因有很多，这里列出几条供参考：

1）确认已经通过 workon 命令切换到了对应的虚拟环境中，如果 workon 命令出错，检查是否正确安装了 virtualenv 和 virtualenvwrapper。

2）检查 py3cv4 的 site-packages 中的内容。site-packages 的路径是 ~/.virtualenvs/cv/lib/

python3.5/site-packages/（具体的路径和 Python 版本与虚拟环境名字有关，建议使用 Tab 自动补全）。确认这个目录下有 cv2 的链接文件且被正确链接。

3）检查系统中 Python 的全局路径 /usr/local/python，这里应当有 cv2 文件夹。

4）如果前两步出现错误，把目录切换至 ~/opencv/build/lib，如果之前的 CMake 和编译过程没有报错的话，这里应当有 cv2 文件夹，将它复制到 /usr/local/python，并把 .so 文件和 py3cv4 虚拟环境的 site-package 进行链接。

3.3　本章小结

在本章中我们分别介绍了在 Ubuntu、macOS 和树莓派上安装 OpenCV 的方法，并且介绍了在树莓派上从源码编译安装 OpenCV 4 的方法，读者可根据实际情况自行选择。

另外，在本书出版之际，使用 pip 直接安装的 OpenCV 也已经升级到了版本 4，因此可以节约从源码安装的时间。

Chapter 4 第 4 章

通过案例手把手入门 OpenCV

通过学习前面几章，相信你对智能硬件和机器视觉的概念、背景有了简单了解，掌握了在实际应用应该做好哪些准备工作，包括软硬件安装、相关工具的安装等。在本章，我们将通过两个实际案例帮助你轻松入门 OpenCV。

4.1 开始前的准备

现在，不管是在视频中还是在图像中检测识别人脸，都要用到 OpenCV。以前学习 OpenCV 时，参考文档特别少，而且大多晦涩难懂。随着人脸识别技术的普及与广泛使用，无论是参考资料还是相关教程都多了很多，可以说学习环境比多年前容易许多。话不多说，我们进入实践环节。

在开始讲解具体的案例之前，先要在开发环境和项目代码方面做好准备，具体如下。

4.1.1 环境准备

按照上一章的教程安装好 OpenCV 之后，还要安装 imutils 这个包（在 GitHub 上的获取地址为 https://github.com/jrosebr1/imutils）。注意，要在安装 OpenCV 的同一环境中安装 imutils 包，这样才能进行基本的图像处理，实现代码如下：

```
$ pip install imutils
```

> 注意 如果你使用的是 Python 虚拟环境，请不要忘记在安装 imutils 之前使用 workon 命令进入虚拟环境！

4.1.2 项目代码准备

在真正进行项目实验之前，先从本书对应 GitHub 项目中找到第 4 章的配套代码和图像。用终端（cd）命令进入你的 .zip 文件，然后可以用 unzip 解压文档，将工作目录（cd）更改为项目文件夹，并通过 tree 命令分析项目结构，具体实现代码如下所示：

```
$ cd ~/Downloads
$ unzip opencv-tutorial.zip
$ cd opencv-tutorial
$ tree
.
├── jp.png
├── opencv_tutorial_01.py
├── opencv_tutorial_02.py
└── tetris_blocks.png

0 directories, 4 files
```

本章我们准备了两个 Python 脚本来帮助大家学习和实践 OpenCV 的基础知识：

1）第一个脚本 opencv_tutorial_01.py 将对图像进行基本的图像处理；

2）第二个脚本 opencv_tutorial_02.py 将使用图像处理模块来创建 OpenCV 程序，并对俄罗斯方块中的方块的数目进行统计（tetris_blocks.png）。

下面我们对这两个脚本展开详细介绍。

4.2 OpenCV 图像简单处理

在安装好需要的 OpenCV 和相应的包之后，我们开始对 OpenCV 图像进行简单处理。

4.2.1 加载和显示图像

我们先从加载和显示图像开始学习 Python 和 OpenCV 基础知识，只需要简单的几行代码就能搞定。

首先，在你喜欢的文本编辑器或 IDE 中打开 opencv_tutorial_01.py：

```
# 导入必要的库     #1
import imutils   #2
```

```
import cv2  #3
    #4
# 加载输入图像并显示其尺寸， #5
# 图像表示为形状NumPy多维数组：#6
# 行数 (height) x 列数 (width) x 通道数 (depth)。   #7
image = cv2.imread("jp.png")    #8
(h, w, d) = image.shape #9
print("width={}, height={}, depth={}".format(w, h, d))  #10
    #11
# 将图像显示在屏幕上     #12
# 需要点击OpenCV打开的窗口并按键盘上的键继续运行其他程序      #13
cv2.imshow("Image", image)  #14
cv2.waitKey(0)  #15
```

在第 2 行和第 3 行，导入了 imutils 和 cv2 这两个库。cv2 包是 OpenCV 的，虽然是第 2 版本的包，但是实际上 OpenCV 3 也同样适用这个命令（2018 年发布的 OpenCV 4 也是可以的）。imutils 包是笔者写的为了方便而封装好的一系列函数的工具包。

在获得了所需的软件之后，接下来就可以将图像从磁盘加载进来了。

要加载图像，需要用到 cv2.imread（“jp.png”）这个命令。如第 8 行所示，将结果赋给 image。image 实际上只是一个 NumPy 数组。

加载完后，需要知道图像的高度和宽度。所以在第 9 行，调用 image.shape 来提取图像的高度、宽度和深度。

关于宽度和高度，你可以这样理解：

- 一般用 # 行数 x# 列数来描述一个矩阵；
- 有多少行就代表了图像的高度；
- 有多少列就代表了图像的宽度。

因此，用 NumPy 矩阵表示的图像尺寸实际上可以表示为（高度，宽度，深度）。

深度是图像颜色通道的数量。在本例中，有 3 个通道，即：蓝色，绿色和红色这 3 颜色通道。

第 10 行的打印命令将值输出到终端：

```
width=600, height=322, depth=3
```

如果想要使用 OpenCV 在屏幕上显示图像，可通过第 14 行 cv2.imshow（“Image”，image）实现。第 15 行表示等待按键被按下。这很重要，否则图像会在我们看到之前就显示并迅速消失。

注意 你需要单击 OpenCV 打开的活动窗口，然后按键盘上的按键以继续运行后续脚本。OpenCV 无法监控你在终端的输入，所以，你需要单击屏幕上活动的 OpenCV 窗口并按键盘上的按键才行。

4.2.2 访问单个像素

首先，你要知道什么是像素？

所有图像都是由像素构成的，像素是图像的基本元素。一个 640 × 480 的图像有 640 列（宽度）和 480 行（高度）。这个尺寸下的图像就有 640 × 480 = 307200 个像素。

灰阶图像中的每个像素有一个灰阶代表的值。在 OpenCV 中，有 256 种灰阶，从 0 到 255。因此灰阶图像中有与每个像素相关联的灰阶值。

彩色图像中的像素还有另一层附加信息。在了解图像处理时，你很快就会熟悉好几种色彩模式。为简单起见，这里只考虑 RGB 色彩模式。

在 OpenCV 中，RGB（红色，绿色，蓝色）色彩模式中的彩色图像是与每个像素相关联的 3 元组：(B，G，R)，如图 4-1 所示。

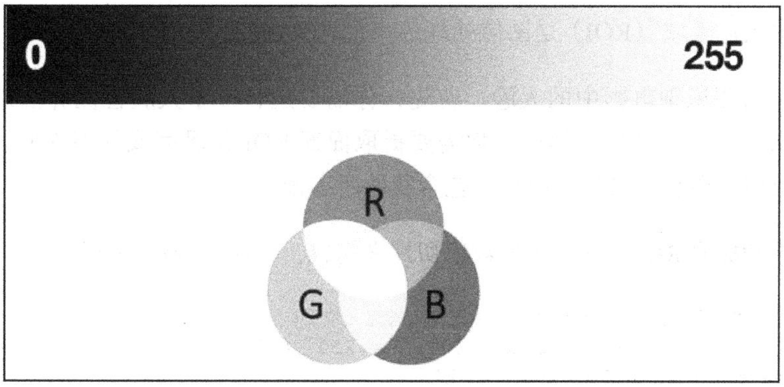

图 4-1 RGB 色彩模式

其中，顶部为灰阶渐变，较亮的像素接近 255，而较暗的像素接近 0；底部为 RGB 维恩图，其中较亮的像素更接近中心。

请注意，顺序是 BGR 而不是 RGB。这是因为多年前 OpenCV 首次开发时，标准是 BGR 顺序。多年来，该标准现已变成 RGB，但 OpenCV 仍然保留这种“遗留”的 BGR 排序，以确保之前编写的代码不会报错。

BGR 3 元组的每个值的范围为 [0，255]。那么，OpenCV 中 RGB 图像中的每个像素一共有多少种颜色可能性？这很简单：$256 \times 256 \times 256 = 16777216$。

知道了什么是像素，下面我们来看如何查找图像中单个像素的值，具体实现代码如下：

```
# 访问位于x = 50, y = 100的RGB像素， #17
# 请记住OpenCV以BGR顺序存储图像而不是RGB #18
(B, G, R) = image[100, 50]  #19
print("R={}, G={}, B={}".format(R, G, B))   #20
```

如前所示，图像尺寸为：width=768，height=512，depth=3。只要在最大宽度和高度范围内，就可以通过坐标方式来访问数组中的各个像素值。

代码 image[100,50] 会从 x = 50 和 y = 100 的像素位置产生 3 元组 BGR 值（再次注意，height 是行数并且 width 是列数，你必须接受这种表述方式）。如上所述，OpenCV 以 BGR 顺序存储图像（这与 Matplotlib 不同）。看看第 19 行就知道提取像素颜色值是多么的简单。

在终端上显示的像素值如下：

```
R=255, G=255, B=238
```

4.2.3 数组切片和裁剪

提取“感兴趣区域”（ROI）是图像处理的一个重要技能。

比如，你需要识别电影中的人脸。首先，你需要运行一个人脸检测算法来查找你使用的所有帧中人脸的位置坐标。然后，你需要提取面部 ROI 并保存或处理它们。在我们的面部识别小项目中，要在我的照片中找到包含我的所有帧。

现在，手动提取 ROI。可以通过数组切片来完成，具体实现代码如下。

```
# 从输入图像中提取100x100像素的矩形ROI（感兴趣区域），    #22
# 从x =300, y = 150开始，结束于x = 400, y = 250  #23
roi = image[150:250, 300:400]   #24
cv2.imshow("ROI", roi)  #25
cv2.waitKey(0)  #26
```

第 24 行使用了数组切片，格式为：image [startY : endY，startX : endX]。在第 25 行的代码中获取了一个 ROI。就像上次一样，在按下一个按键之前，图像将一直显示（第 26 行）。

如图 4-2 所示，运行代码后成功提取出人脸。

图 4-2　使用 OpenCV 进行数组切片，可以轻松提取感兴趣区域（ROI）

4.2.4　调整图像大小

由于多方面原因，调整图像大小也很有必要。你可能希望调大图像，以更好地适应屏幕，或者调小图像，已实现更快的处理速度（因为要处理的像素少一些）。同时，在进行深度学习时，也经常要调整图像的大小，忽略纵横比，以得到适合深度学习网络的方阵和特定维度的图像的尺寸。

把原始图像调整为 200 × 200 的大小，代码如下：

```
# 将图像大小调整为200x200px，忽略纵横比    #28
resized = cv2.resize(image, (200, 200)) #29
cv2.imshow("Fixed Resizing", resized)   #30
cv2.waitKey(0)  #31
```

在第 29 行，调整图像但忽略了纵横比。通过图 4-3 可以看到图像已经调整了大小。但是由于没有考虑纵横比，所以图像也已失真。

下面介绍如何在调整图像的大小同时保留原始图像的纵横比，使其不会被压扁和扭曲的代码：

```
# 固定调整大小和扭曲纵横比  #33
```

```
# 将宽度调整为300px，但根据纵横比计算新的高度  #34
r = 300.0 / w   #35
dim = (300, int(h * r)) #36
resized = cv2.resize(image, dim)    #37
cv2.imshow("Aspect Ratio Resize", resized)  #38
cv2.waitKey(0)  #39
```

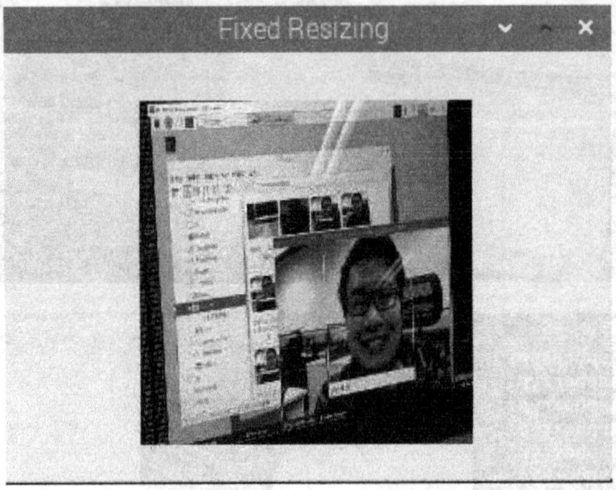

图 4-3　使用 OpenCV 和 Python 可以用 cv2.resize 调整图像大小，但不会自动保留纵横比

回去看一下上面脚本的第 9 行，我们提取了图像的宽度和高度。如果想把 768 像素宽的图像调整为 300 像素宽，同时保持纵横比。那么，在第 35 行，先要计算新宽度与旧宽度的比率。然后，要指定新图像的尺寸 dim。想要一个 300 像素宽的图像，那就必须计算高度，使用原始高度乘以比例 h * r（h、r 分别为原来的高度和纵横比）就可以了。将 dim（想要的尺寸）输入 cv2.resize 函数，会获得一个名为 resized 的新图像，且没有失真（第 37 行）。

为了检查是否成功完成操作，使用第 38 行的代码显示图像，如图 4-4 所示。

图 4-4　保留纵横比地调整图像大小

使用 OpenCV 保留纵横比地调整图像大小需要经过 3 个步骤：①提取图像尺寸，②计算纵横比，③沿一个维度调整（cv2.resize）图像的大小，另一个维度尺寸则乘以纵横比。

有没有更简单的可以在调整大小时保留纵横比的方法呢？

答案是有的，每次想要调整图像大小时，都要计算一下纵横比，这有点烦琐，所以可以考虑把代码封装在 imutils 包的函数中。

接下来展示如何使用 imutils.resize：

```
# 手动计算纵横可能很麻烦，#41
# 所以使用imutils库代替 #42
resized = imutils.resize(image, width=300) #43
cv2.imshow("Imutils Resize", resized) #44
cv2.waitKey(0) #45
```

仅仅通过一行代码，就成功保留了纵横比并调整了图像大小。你只需要提供目标 width 或 height 作为关键字参数（第 43 行），结果如图 4-5 所示。

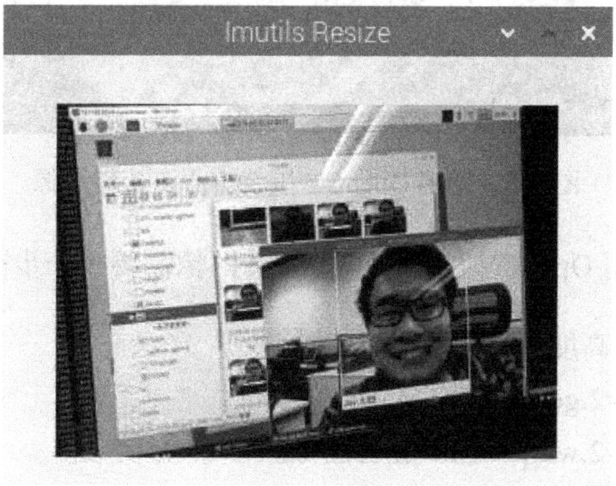

图 4-5　使用封装函数调整图像大小

4.2.5　旋转图像

下面，我们对图像进行旋转操作：

```
# 使用OpenCV将图像旋转45度， #47
# 首先计算图像中心， #48
# 然后构造旋转矩阵，最后执行扭曲  #49
center = (w // 2, h // 2)  #50
M = cv2.getRotationMatrix2D(center, -45, 1.0)  #51
rotated = cv2.warpAffine(image, M, (w, h))  #52
cv2.imshow("OpenCV Rotation", rotated)  #53
cv2.waitKey(0)  #54
```

围绕中心点旋转图像，首先需要计算图像的中心坐标（x，y）(第 50 行)。

> 注意 使用 // 来进行整数运算（也就是没有浮点值）。

需要计算一个旋转矩阵 M（第 51 行）。–45 意味着顺时针旋转图像 45 度。

用第 52 行的矩阵来扭曲（或者叫旋转）图像。用第 53 行的命令旋转图像并显示在屏幕上，如图 4-6 所示。

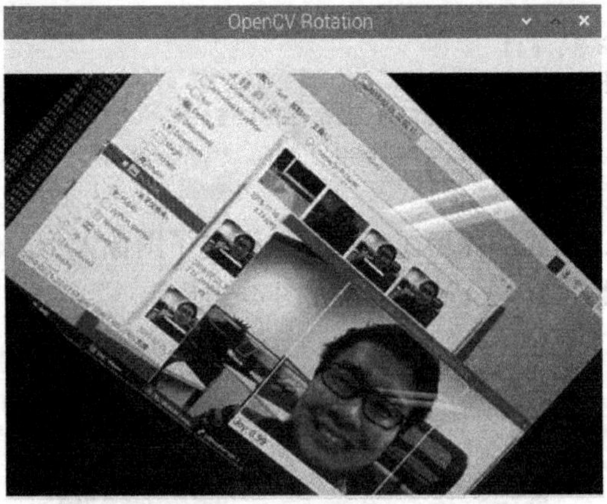

图 4-6 使用 OpenCV 围绕中心点旋转图像

如图 4-6 所示，使用 OpenCV 围绕中心点旋转图像需要 3 个步骤：

1）使用图像宽度和高度计算中心点；
2）计算旋转矩阵 cv2.getRotationMatrix2D；
3）使用旋转矩阵 cv2.warpAffine 旋转图像。

现在，使用 imutils 在一行代码中实现相同的操作：

```
# 通过使用较少代码的imutils也可以轻松完成旋转 #56
rotated = imutils.rotate(image, -45)     #57
cv2.imshow("Imutils Rotation", rotated) #58
cv2.waitKey(0)  #59
```

仅需要一行代码，就可以实现将图像顺时针旋转 45 度（第 57 行），如图 4-7 所示。

此时我们会发现一个问题，为什么图像被裁剪了？

出现问题的地方在于，OpenCV 并不关心图像在旋转后是否被裁剪，是否在视野范围内。所以可以使用 rotate_bound，使整个图像保持在视野范围内：

```
# 如果旋转图像在旋转后被裁剪，    #61
# OpenCV并不“管”，  #62
# 所以可以使用另一个imutils函数来解决 #63
rotated = imutils.rotate_bound(image, 45)   #64
cv2.imshow("Imutils Bound Rotation", rotated)   #65
cv2.waitKey(0)  #66
```

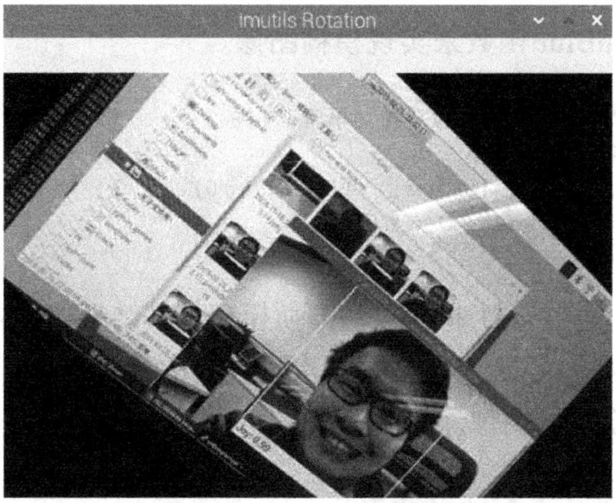

图 4-7　使用 imutils.rotate，可以使用一行代码方便地用 OpenCV 和 Python 旋转图像

结果如图 4-8 所示，整个图像位于帧中，并顺时针旋转了 45 度。

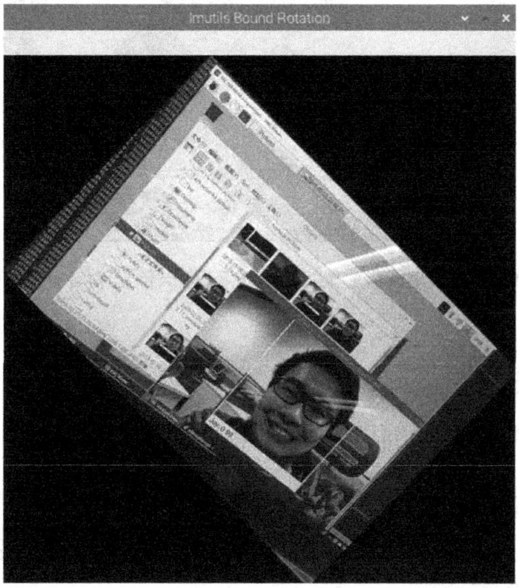

图 4-8　使用 rotate_bound 函数阻止 OpenCV 在旋转期间裁剪图像

4.2.6 平滑图像

在许多图像处理流程中，必须模糊图像以减少高频噪声，使算法更容易检测和理解图像的实际内容，从而避免算法被噪声“干扰”。在 OpenCV 中模糊图像非常容易，并且还有很多其他方法也可以实现。

我经常使用 GaussianBlur 函数来实现模糊图像。

```
# 将11x11卷积核的高斯模糊应用于图像以使其平滑，#68
# 这在降低高频噪声时非常有用 #69
blurred = cv2.GaussianBlur(image, (11, 11), 0)  #70
cv2.imshow("Blurred", blurred)  #71
cv2.waitKey(0)  #72
```

在第 70 行使用了一个 11 × 11 卷积核的高斯模糊，其结果如图 4-9 所示。模糊是许多图像处理流程中重要的一步，可以降低高频噪声。较大的卷积核会产生更模糊的图像。较小的卷积核将产生较轻微模糊的图像。

图 4-9 用 OpenCV 的 11 × 11 的卷积核进行了高斯模糊

4.2.7 在图像上绘图

在本节中，我们将在图像上绘制矩形、圆形和直线，还会在图像上附加文本。

在使用 OpenCV 绘制图像之前，必须注意图像上的绘制操作是替换原图的。因此，在每个代码块的开头，需要制作原始图像的副本并存为 output。然后在 output 图像上绘制，这样就不会破坏原始图像。

先来画一个矩形，具体实现代码如下：

```
# 在脸部周围画一个2像素的红色矩形  #74
```

```
output = image.copy()    #75
cv2.rectangle(output,  (300,150), (400,260), (0, 0, 255), 2)    #76
cv2.imshow("Rectangle", output) #77
cv2.waitKey(0)  #78
```

首先，在第 75 行复制图像，然后，继续绘制矩形。

在 OpenCV 中绘制矩形稍微有点复杂。要预先计算坐标，这里已经给第 76 行的 cv2.rectangle 函数提供了以下参数。

- img：要绘制的目标图像。我们是在 output 图像上进行绘制的。
- pt1：起始像素坐标，即左上角。本例中，左上角位置是（180，40）。
- pt2：结束像素坐标即右下角。右下角位置是（260，135）。
- color：BGR 元组。（0，0，255）表示红色。
- thickness：线条粗细（负值就是实心矩形）。本例设置厚度为 2。

由于使用的是 OpenCV 的函数操作，而不是 NumPy。所以可以以（x，y）顺序而不是（y，x）提供坐标，因为没有直接操作或访问 NumPy 数组（OpenCV 会自动处理这个问题）。结果如图 4-10 所示。

图 4-10　绘制矩形

使用 OpenCV 和 Python 绘制形状非常容易掌握。在图 4-10 中，我用 cv2.rectangle 画了一个红色的框。此示例预先确定了脸部周围的坐标，你也可以使用脸部检测方法自动获取脸部坐标。

现在，画一个实心蓝色圆圈：

```
# 在以x = 170, y = 110为中心的图像上  #80
# 绘制一个蓝色的20像素（相当于填充）圆圈  #81
output = image.copy()    #82
```

```
cv2.circle(output, (170, 110), 20, (255, 0, 0), -1) #83
cv2.imshow("Circle", output)   #84
cv2.waitKey(0)   #85
```

要绘制圆，你需要为 cv2.circle 提供以下参数。

- img：输出图像。
- center：圆心坐标。本例设置为（170，110）。
- radius：圆的半径，以像素为单位。本例设置为 20 像素。
- color：圆形颜色。这次我选择了蓝色，在 BGR 元组中 B 的值是 255，G 和 R 都是 0，即（255，0，0）。
- thickness：线条粗细。由于设置了负值（–1），因此圆圈是实心的。

结果如图 4-11 所示。

图 4-11　绘制圆形

OpenCV 的 cv2.circle 函数允许你在图像上的任何位置画圆圈。本例绘制了一个实心圆，用 -1 的 thickness 参数表示（正值会形成线粗可变的圆形轮廓）。

接下来，绘制一条红线，如果仔细查看函数的参数并将它们与矩形的参数进行比较，你会发现其实它们是一样的：

```
# 从x = 325, y = 296到x = 618, y = 180绘制5像素的红线   #87
output = image.copy()   #88
cv2.line(output, (325, 296), (618, 180), (0, 0, 255), 5)    #89
cv2.imshow("Line", output)  #90
cv2.waitKey(0)  #91
```

与画矩形一样，需要提供两个点（起点、终点），颜色和线条粗细参数。OpenCV 的后端会完成其余的操作。图 4-12 显示了代码中第 89 行的结果。

图 4-12　绘制直线

通常，你需要在图像上叠加文本并显示。如果你正在进行人脸识别，你可能想要在他们的脸上画出这个人的名字。或者，如果你在研究计算机视觉项目，你可以构建图像分类器或目标检测器。在这些情况下，你都需要在图像上添加包含类名和概率大小的文本。

OpenCV 的 putText 函数的实现过程如下：

```
# 在图像上添加绿色文本    #93
output = image.copy()   #94
cv2.putText(output, "OpenCV + You can learn OpenCV", (10, 25),  #95
    cv2.FONT_HERSHEY_SIMPLEX, 0.7, (0, 255, 0), 2)  #96
cv2.imshow("Text", output)  #97
cv2.waitKey(0)  #98
```

OpenCV 的 putText 函数负责在图像上添加文本。所需的参数包括如下几个。

- img：输出图像。
- text：要在图像上添加的文本字符串。
- pt：文本的起点。
- font：我经常使用 cv2.FONT_HERSHEY_SIMPLEX。关于更多可用字体，可参见网址（https://docs.opencv.org/3.4.1/d0/de1/group__core.html#ga0f9314ea6e35f99bb23f29567fc16e11）了解更多内容。
- scale：字体大小。
- color：文字颜色。
- thickness：线条粗细（以像素为单位）。

第 95 行和第 96 行的代码将在 output 图像上添加绿色文本“OpenCV + You can learn OpenCV”，如图 4-13 所示。

图 4-13　添加文本

通常情况下，你可以使用上面的 cv2.putText 代码练习使用不同颜色，字体，大小或位置在图像上添加文本。

4.2.8　运行第一个 OpenCV 教程的 Python 脚本

最后就是直接运行这个脚本了，运行脚本前要保证环境安装正确，请打开终端或命令窗口并切换到文件或者解压文件目录，输入如下命令：

```
$ python opencv_tutorial_01.py #1
width=600, height=322, depth=3
R=41, G=49, B=37
```

命令是 bash 提示符 $ 后的代码。在终端中输入 python opencv_tutorial_01.py，就会出现第一个图像。

如果要看到刚才每一步的操作，只需要确保图像窗口处于活动状态，然后按下任意键，就会显示后续操作的图像。上面的代码还会调用 Python 在终端中打印。回到你的终端，你将看到终端显示的输出（第 2 和第 3 行）。

4.3　OpenCV 图像对象计数

本节，我们将以 OpenCV 图像对象计数为例来帮助大家学习和实践 OpenCV 的基础知识。

4.3.1　目标对象计数

在接下来的几节中，你将学习如何创建一个简单的 Python + OpenCV 脚本来记录俄罗斯方块的数量。

接下来，我们需要完成的步骤如下：

- ❑ 学习如何使用 OpenCV 将图像转换为灰阶；
- ❑ 边缘检测；
- ❑ 阈值化灰阶图像；
- ❑ 查找、计数并画轮廓线；
- ❑ 腐蚀和膨胀；
- ❑ mask 图像。

关闭第一个脚本，并打开 opencv_tutorial_02.py 以开始第二个示例：

```
# 导入必要的包    #1
import argparse #2
import imutils  #3
import cv2  #4
    #5
# 构造参数解析器并解析参数  #6
ap = argparse.ArgumentParser()  #7
ap.add_argument("-i", "--image", required=True, #8
    help="path to input image") #9
args = vars(ap.parse_args())    #10
```

在第 2 ~ 4 行，导入需要的包。这在每个 Python 脚本的开头都是必需的。对于第二个脚本，我已经导入了 argparse 包。它是一个命令行参数解析包，所有安装的 Python 版本都有这个包。

第 7 ~ 10 行，在终端中为程序提供额外的参数以运行。

在第 8 行和第 9 行定义了必需的命令行参数 --image。

下面你将学习如何使用下面的命令行参数运行脚本。在正式讲解之前，你需要知道在脚本中碰到 args [“image”] 的地方，就是指输入图像的路径。

4.3.2 将图像转换为灰阶

将图像转换为灰阶，具体实现代码如下：

```
# 加载输入图像（通过命令行参数指定其路径）  #12
# 并将图像显示到屏幕上    #13
image = cv2.imread(args["image"])   #14
cv2.imshow("Image", image)  #15
cv2.waitKey(0)  #16
    #17
```

```
# 将图像转换为灰阶  #18
gray = cv2.cvtColor(image, cv2.COLOR_BGR2GRAY)  #19
cv2.imshow("Gray", gray)    #20
cv2.waitKey(0)  #21
```

第 14 行将图像加载到内存中，cv2.imread 函数的参数是图像的路径，包含在 args 字典中，“image”是 key，值为 args [“image”]。

按第一个按键前，图像会一直显示（第 15 行和第 16 行）。

继续进行阈值处理并检测图像中的边缘。因此，在第 19 行，通过调用 cv2.cvtColor 将图像转换为灰阶，并提供 image 和 cv2.COLOR_BGR2GRAY 两个参数。

再次显示图像直到按键被按下（第 20 行和 21 行）。

转换为灰阶的结果如图 4-14 所示。

a）方块图像

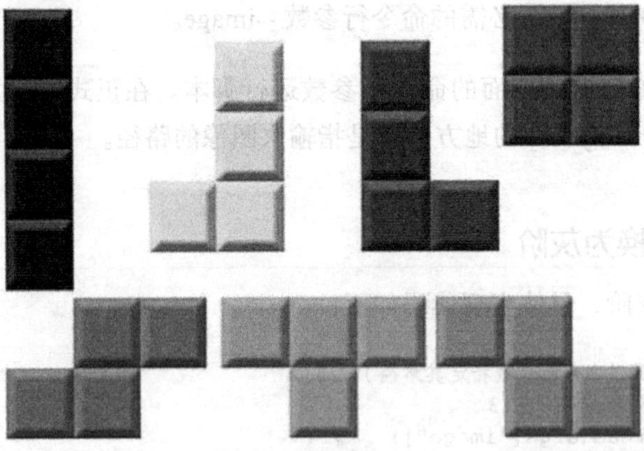

b）将图像转换为灰阶

图 4-14　图像转换为灰阶

4.3.3 边缘检测

边缘检测对于查找图像中目标的边界很有用，现在我们来运行边缘检测并弄清楚它的工作原理。

```
# 应用边缘检测可以找到      #23
# 图像中对象的轮廓  #24
edged = cv2.Canny(gray, 30, 150)     #25
cv2.imshow("Edged", edged)  #26
cv2.waitKey(0)  #27
```

使用流行的 Canny 算法，这个算法可以找到图像的边缘。cv2.Canny 函数提供了 4 个参数。

- img：灰阶图像。
- minVal：最小阈值，本例中为 30。
- maxVal：示例中的最大阈值为 150。
- aperture_size：Sobel 算子大小。默认情况下，此值为 3，因此未在第 25 行指定。

最小和最大阈值的不同值将返回不同的边缘图。

在图 4-15 中，注意俄罗斯方块本身的边缘是如何与构成俄罗斯方块的单个小方块一起显示的。注意，要使用 OpenCV 进行边缘检测，使用 Canny 算法。

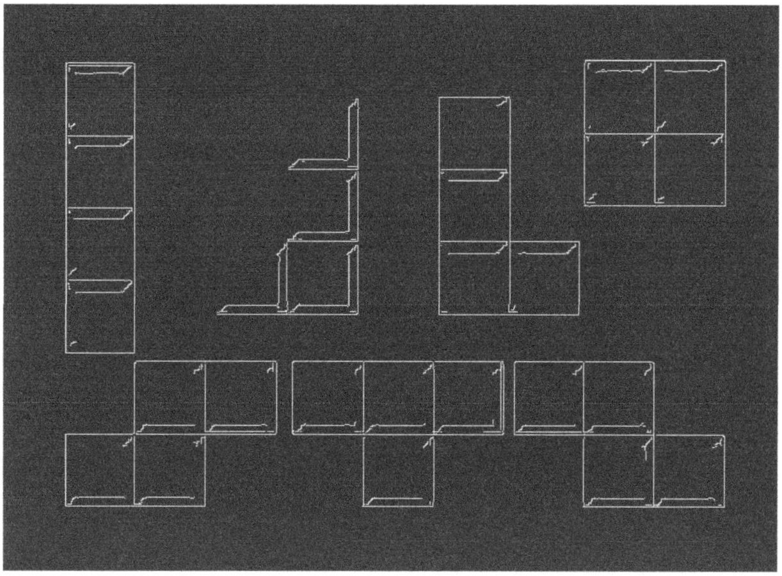

图 4-15　边缘检测效果图

4.3.4 阈值处理

图像阈值处理是图像处理过程中的重要中间步骤。阈值处理可以去除较亮或较暗的区域并找到图像轮廓，还需要通过反复试验（以及一些个人经验）调整各个数值以达到示例所要求的结果：

```
# 通过把所有小于225的像素值设置为255（白色;前景）    #29
# 并且所有像素值大于等于225的设置为255（黑色;背景）来阈值处理图像，   #30
# 从而对图像进行分割 #31
thresh = cv2.threshold(gray, 225, 255, cv2.THRESH_BINARY_INV)[1]    #32
cv2.imshow("Thresh", thresh)  #33
cv2.waitKey(0)  #34
```

第 32 行完成了以下操作：

- 抓取 gray 图像中大于 225 的所有像素，并将它们设置为 0（黑色），这对应于图像的背景；
- 将像素值为小于 225 的全部设置为 255（白色），这对应于图像的前景（即俄罗斯方块）。

有关 cv2.threshold 函数的更多信息，包括阈值标志的工作原理，请参考 OpenCV 官方文档（https://docs.opencv.org/3.4.0/d7/d1b/group__imgproc__misc.html#ggaa9e58d2860d4afa658ef70a9b1115576a19120b1a11d8067576cc24f4d2f03754）。

在找到轮廓之前，对灰阶图像进行阈值处理。需要进行二进制反向阈值，使前景形状变为白色，而背景变为黑色。使用二进制图像从背景中分割前景对于查找轮廓至关重要。效果如图 4-16 所示。注意，在图 4-16 中，前景为白色，背景为黑色。

图 4-16 对图像进行阈值处理

4.3.5 检测和绘制轮廓

首先通过代码找到并画出它们的轮廓线：

```
# 找到阈值化图像中的前景    #36
# 的轮廓    #37
cnts = cv2.findContours(thresh.copy(), cv2.RETR_EXTERNAL,    #38
    cv2.CHAIN_APPROX_SIMPLE)    #39
cnts = imutils.grab_contours(cnts)  #40
output = image.copy()    #41
    #42
# 遍历所有轮廓     #43
for c in cnts:  #44
    # 使用3像素的紫色轮廓在输出图像上描绘每个轮廓,     #45
    # 然后依此显示输出的轮廓   #46
    cv2.drawContours(output, [c], -1, (240, 0, 159), 3) #47
    cv2.imshow("Contours", output)  #48
    cv2.waitKey(0)  #49
```

在第 38 和 39 行，使用 cv2.findContours 检测图像中的轮廓。

第 40 行非常重要，因为 cv2.findContours 在 OpenCV 2.4 中，实现 OpenCV 3 和 OpenCV 4 之间不一样。博客上只要涉及轮廓的地方，都会使用这行兼容性代码。

在第 41 行制作原始图像的副本，以便在随后的第 44 ~ 49 行画轮廓线。

在第 47 行，从 cnts 列表中遍历 c 运行 CV2.drawContours。这里选择紫色，由元组（240，0，159）表示。

继续在图像上添加文字：

```
# 绘制紫色轮廓的总数 #51
text = "I found {} objects!".format(len(cnts))  #52
cv2.putText(output, text, (10, 25),  cv2.FONT_HERSHEY_SIMPLEX, 0.7, #53
    (240, 0, 159), 2)   #54
cv2.imshow("Contours", output)  #55
cv2.waitKey(0)  #56
```

第 52 行添加了一个包含形状轮廓数的文本字符串 text。图像中的目标总数就是轮廓列表的长度 –len（cnts）。结果如图 4-17 所示。

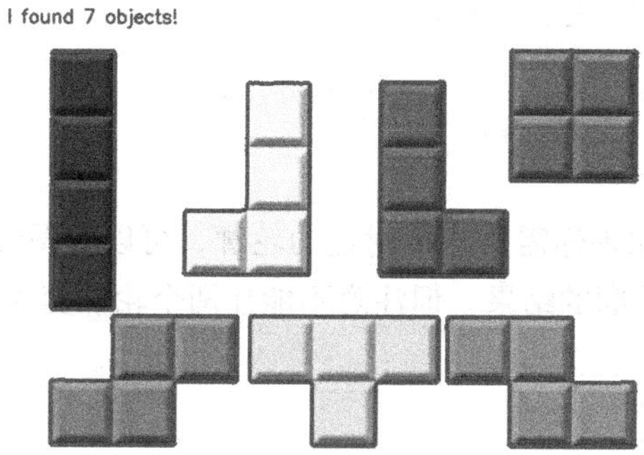

图 4-17　使用 OpenCV 绘制轮廓

4.3.6 腐蚀和膨胀

腐蚀和膨胀通常用于降低二值图像中的噪声（噪声是阈值化的副作用）。

为了减小前景对象的大小，可以在给定多次迭代的情况下腐蚀掉一些像素：

```
# 腐蚀以减少前景物体的大小   #58
mask = thresh.copy()    #59
mask = cv2.erode(mask, None, iterations=5)  #60
cv2.imshow("Eroded", mask)  #61
cv2.waitKey(0)  #62
```

在第 59 行，复制 thresh 图像同时将它命名为 mask。

然后，利用 cv2.erode，继续通过 5 次 iterations 缩小轮廓尺寸（第 60 行）。

如图 4-18 所示，从方块轮廓生成的 mask 小了一些。使用 OpenCV 可以腐蚀轮廓，有效地使轮廓更小或使它们在充分迭代的情况下完全消失。这通常用于去除蒙版图像中的小斑点。

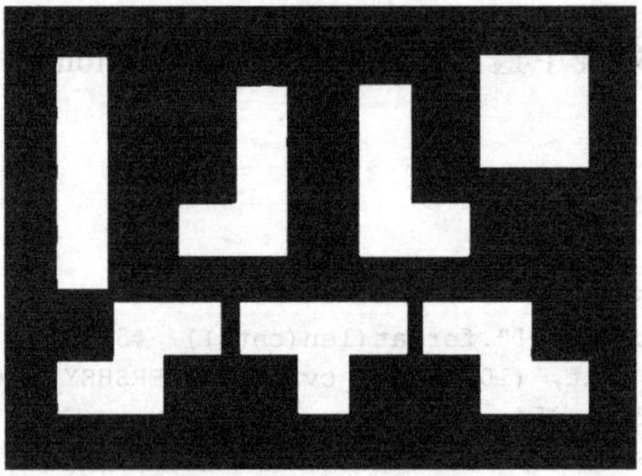

图 4-18　腐蚀后效果

同样，可以在 mask 中前景化。要膨胀区域，只需使用 cv2.dilate，效果如图 4-19 所示。

```
# 类似地，膨胀可以增加物体的尺寸    #64
mask = thresh.copy()    #65
mask = cv2.dilate(mask, None, iterations=5) #66
cv2.imshow("Dilated", mask) #67
cv2.waitKey(0)  #68
```

在图像处理通道中，如果你需要连接附近的轮廓，可以对图像应用膨胀。图 4-19 中显示的是通过五次迭代扩展轮廓的结果，但注意不能让两个轮廓变为一个轮廓。

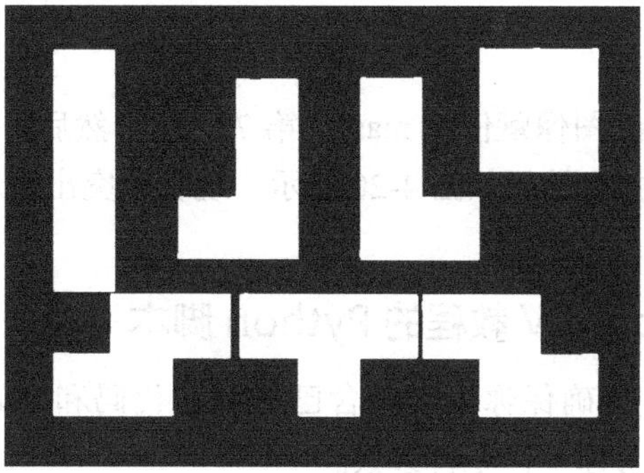

图 4-19　膨胀后效果

4.3.7　蒙版和按位操作

蒙版可以遮掩住不感兴趣的图像区域，因此将它称为“mask”，因为它们会遮罩我们不关心的图像区域。

如果使用图 4-16 中的阈值图像，并用原始图像进行蒙版，就会得到图 4-20。

图 4-20　蒙版后效果

当使用阈值图像作为蒙版与原始图像相比时，彩色区域重新出现，因为图像的其余部分被“遮罩”。当然，这是一个简单的例子，mask 的功能非常强大。

在图 4-20 中，背景现在是黑色，前景由彩色像素组成，即蒙版图像 mask 的像素。

下面实现它：

```
# 可以应用的典型操作是      #70
# 进行遮罩并对输入图像应用按位求并，  #71
# 仅保留蒙版区域    #72
mask = thresh.copy()     #73
output = cv2.bitwise_and(image, image, mask=mask)    #74
```

```
cv2.imshow("Output", output)    #75
cv2.waitKey(0)  #76
```

复制二进制生成 thresh 图像赋值给 mask（第 73 行）。然后，使用 cv2.bitwise_and 对来自两个图像的像素按位求并。结果如图 4-20 所示，现在只突出显示俄罗斯方块。

4.3.8 运行第二个 OpenCV 教程的 Python 脚本

要运行第二个脚本，请确保你位于包含已下载源代码和 Python 脚本的文件夹中。然后，将打开终端提供脚本名称 + 命令行参数。

```
$ python opencv_tutorial_02.py --image tetris_blocks.png
```

参数标志是 --image，图像参数是 tetris_blocks.png- 即目录中相关图像文件的路径。

此脚本没有终端输出。要循环显示图像，请单击图像窗口使其处于活动状态，然后，你可以随便按一个键，程序捕获并执行脚本中的下一个 waitKey（0）。程序运行完毕后，你的脚本将正常退出，并在终端中显示一个新的 bash 提示符。

4.4 本章小结

在本章的学习中，我们学习并创建 python 脚本，运用 OpenCV 对图像进行旋转、缩放、绘图、蒙版等各种操作，并通过第二个脚本的学习，实现了一个简单的计数器，案例虽小，操作丰富。接下来我们将学习如何使用树莓派进行拍照，同样也是在 Python 语言下进行。

第 5 章 Chapter 5

使用 Python 拍摄照片、视频

本章我们将学习如何在树莓派硬件上，使用 Python 语言的 picamera 库，操作树莓派摄像头进行拍照的各种技巧讲解，并给出相应代码示例。

5.1 安装 picamera 环境

我们先从 picamera 库的安装开始这趟学习之旅。

5.1.1 安装 Raspbian 系统

如果你使用的是树莓派的 Raspbian 系统，则默认已安装了 picamera。可以通过 Python 直接导入 picamera 包来查看是否已经默认安装了 picamera，代码如下所示：

```
$ python -c "import picamera"
$ python3 -c "import picamera"
```

如果不报错，则表示默认成功安装了 picamera。如果没有安装 picamera，就会出现如下报错信息：

```
$ python -c "import picamera"
Traceback (most recent call last):
  File "<string>", line 1, in <module>
ImportError: No module named picamera
$ python3 -c "import picamera"
Traceback (most recent call last):
  File "<string>", line 1, in <module>
```

```
ImportError: No module named 'picamera'
```

如果报错，则需要在树莓派上安装 picamera。推荐使用 apt 进行安装，这样便于后续 picamera 进行更新、删除等操作，而且 apt 为所有用户组提供了 picamera 的权限。用 apt 安装 picamera 的命令如下：

```
$ sudo apt-get update
$ sudo apt-get install python-picamera python3-picamera
```

如果将来 picamera 发布了新的版本，只需要使用如下 apt 命令就能够完成升级：

```
$ sudo apt-get update
$ sudo apt-get upgrade
```

如果你需要删除 picamera，则需要使用如下命令：

```
$ sudo apt-get remove python-picamera python3-picamera
```

5.1.2 安装其他系统

如果你使用的是树莓派的其他系统（比如 Ubuntu MATE），那么使用 Python 的 pip 工具安装 picamera 会更加简单：

```
$ sudo pip install picamera
```

如果要使用 picamera.array 这个类，还需要安装 numpy 依赖项下的 array。

```
$ sudo pip install "picamera[array]"
```

注意 旧版本的 pip 会从源代码构建 numpy，在 Pi 上，这个过程要耗费很长时间（慢的时候需要几个小时）。而新版本的 pip 会下载并安装一个预先构建的 numpy "wheel"，所以会快很多。

有新版本发布时，采用如下命令完成更新：

```
$ sudo pip install -U picamera
```

同样，如果需要删除 picamera，则需要使用如下命令：

```
$ sudo pip uninstall picamera
```

5.1.3 升级相机固件

Pi 相机模块功能主要由 Pi 固件决定，一些错误和扩展功能可以通过新的固件版本进行修复和升级。虽然 picamera 库会尽量保持与旧版 Pi 固件的兼容性，但是 Pi 相机模块在发布时仅对最新版本的固件进行了测试，而且如果使用旧的固件，有些功能也可能没办法使用，所以这时需要进行固件升级。举个例子，annotate_text 就依赖于最新的固件，但旧的固件版本会缺少这个功能。

可以使用如下命令查看当前固件版本：

```
$ uname -a
```

固件版本号就是在 # 后面的数字：

```
Linux kermit 3.12.26+ #707 PREEMPT Sat Aug 30 17:39:19 BST 2014 armv6l GNU/Linux
                             /
                            /
  firmware revision --+
```

在 Raspbian 系统上，标准的升级流程就能将固件升级到最新版本：

```
$ sudo apt-get update
$ sudo apt-get upgrade
```

注意　现在不建议使用 rpi-update 来更新 Pi 的固件。如果之前使用过 rpi-update 更新固件，现在可以使用如下 apt 命令切换回来，然后重启系统就可以了。

```
$ sudo apt-get update
$ sudo apt-get install --reinstall libraspberrypi0 libraspberrypi-{bin,dev,doc} z
>   raspberrypi-bootloader
$ sudo rm /boot/.firmware_revision
```

5.1.4　安装树莓派摄像头模组

把相机插到树莓派的 CSI 插槽上。CSI 插槽就是挨着 HDMI 插槽且又长又薄的插槽。轻轻抬起 CSI 插槽顶部的套环（如果脱落，还可以小心地推回去）。把相机的带状电缆插入插槽，蓝色的一面朝向以太网端口那面，也就是背对 HDMI 插槽（如果是 A/A+ 型号的树莓派，则是以太网插槽该在的地方）。

注意　安装相机模块时，必须确保 Pi 已经关机。虽然 Pi 开机状态下也可以安装相机，但是这个习惯不好。如果相机在拔出时处于活动状态，则可能会烧毁相机。

将电缆固定在插槽中后，向后按压套环以固定电缆。如果操作正确，应该可以提着相机的电缆线带起整个 Pi 而不掉落。图 5-1 展示了一个安装好的相机电缆，注意方向一定要对。

在操作过程中，注意保证相机不接触导电的物体（如 Pi 的 USB 端口或 GPIO 引脚）。

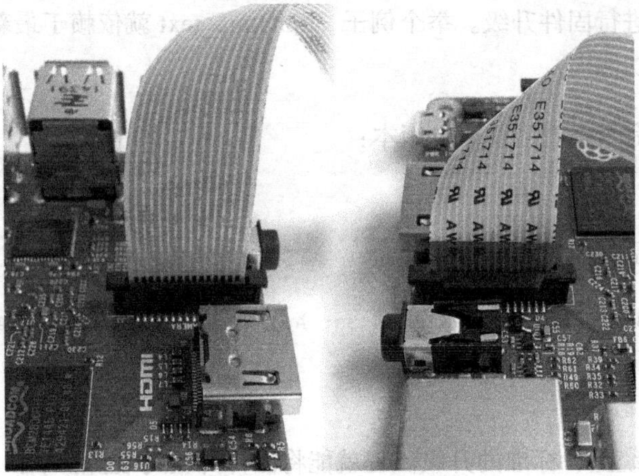

图 5-1　安装相机电缆

注意　如果使用的是树莓派 Zero 的话，Raspberry Pi Zero（更多内容请参见 https://www.raspberrypi.org/products/raspberry-pi-zero/）1.2 版本只有一个小型 CSI 端口，还需要一个摄像头适配电缆（更多内容请参见 https://shop.pimoroni.com/products/camera-cable-raspberry-pi-zero-edition），如图 5-2 所示。

图 5-2　摄像头适配电缆示意图

要把相机模组连接到 Pi Zero 上，需要完成以下几个步骤。

1）轻轻抬起相机模组上的轴环并抽出电缆，取下相机模块的电缆。

2）把适配电缆较宽的那一端插入，导体那一面和镜头方向相同。

3）轻轻提起电路板边缘的轴环，将适配电缆连接到 Pi Zero（注意，因为轴环比常规 CSI 端口上的轴环更精密，所以需要小心安装），然后插入适配电缆的较小端，导体那一面朝向 Pi Zero 的背面。

组装好的各部分应该如图 5-3 所示。

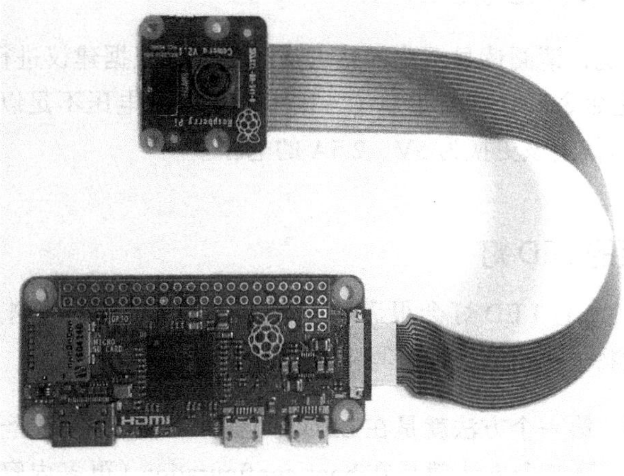

图 5-3　组装好的摄像头模组示意图

摄像头模组安装完成之后，给 Pi 通电，启动后，打开树莓派配置并启用相机模块，如图 5-4 所示。

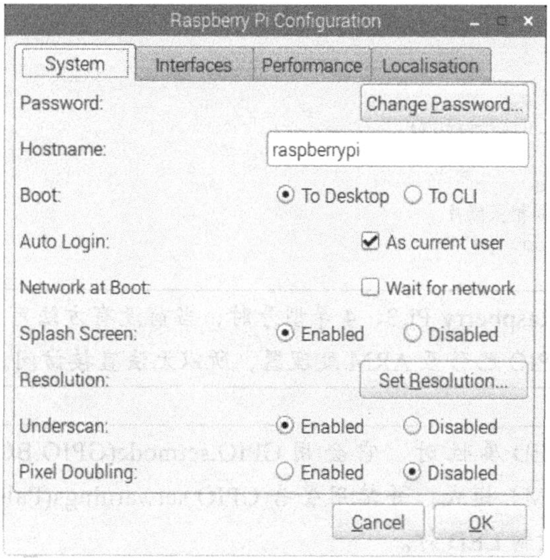

图 5-4　打开树莓派配置并启用相机模块

重启相机（一次性设置，除非重新安装操作系统或更换 SD 卡，否则无须再次重启）。重新启动后，启动终端并执行以下命令：

```
raspistill -o image.jpg
```

如果一切正常，相机会顺利启动，且预览窗口会出现在显示屏上，5 秒后，相机应该会捕获一张照片（并存储为 image.jpg），然后相机关闭。

如果出现其他情况，请阅读显示出的错误提示信息并根据建议进行调整，直到正常启动。如果 Pi 在运行完命令后立即就重启了，则可能是电源电压不足以运行 Pi 和相机模块（或者其他设备），这时候应该更换为 5V、2.5A 的电源。

5.1.5 控制 V1 版的 LED 灯

有时，V1 相机的红色 LED 灯会很碍事（V2 相机没有 LED），例如，对动物拍照时，LED 灯可能会吓跑动物，也可能会让特写主体产生“红眼”。

要解决这个问题，第一个方法就是在 LED 灯上套一个不透明的套子（例如使用蓝色胶带或电工胶带缠绕）；第二个方法就是在 boot configuration（更多内容可参见 https://www.raspberrypi.org/documentation/configuration/config-txt.md）中启用 disable_camera_led 选项。

如果安装了 RPi.GPIO 包（更多内容可参见 https://pypi.org/project/RPi.GPIO/），并且 Python 以足够的权限运行（sudo python 通常以 root 身份运行），还可以通过 led 属性控制 LED：

```
import picamera

camera = picamera.PiCamera()
# 关闭相机的LED灯
camera.led = False
# 当相机LED灯灭的时候拍张照片
camera.capture('foo.jpg')
```

注意　当模块连接到 Raspberry Pi 3、4 等型号时，当前没有方法可以控制相机 LED，因为控制 LED 的 GPIO 已移至 ARM 处理器，所以无法直接访问。

注意　第一次使用 LED 属性时，它会用 GPIO.setmode(GPIO.BCM) 将 GPIO 库设置为 Broadcom（BCM）模式，并禁用警告 GPIO.setwarnings(False)。当库处于 BOARD 模式时，无法控制 LED 灯。

5.2 使用摄像头拍摄照片

在讲解下面的案例前，需要注意一点，运行以下这些脚本案例时，请不要把你的项目文件命名为 picamera.py。因为导入 PiCamera 模块时会导入同样命名为 picamera.py 的文件，Python 会优先扫描当前目录文件，然后再扫描其他路径的文件，如果现有 Python 项目文件也命名为 picamera.py，则会报错。

5.2.1　捕获照片并存为文件

捕获照片并存为文件的实现很简单，只需要指定 capture() 函数输出的文件名即可。

```
from time import sleep
from picamera import PiCamera

camera = PiCamera()
camera.resolution = (1024, 768)
camera.start_preview()
# 相机预热时间
sleep(2)
camera.capture('foo.jpg')
```

> 注意　PiCamera 打开的文件（如上述代码所示）会先刷新一下然后关闭，以便在 capture() 函数返回回值时，可以让其他进程访问这些数据。

5.2.2　捕获照片并存为流

捕获照片并存为类文件对象（比如 socket()，io.BytesIO 流（Python 的内置流），或者打开的文件对象等）也很简单，只需要指定 capture() 函数的输出。

```
from io import BytesIO
from time import sleep
from picamera import PiCamera

# 创建内存流
my_stream = BytesIO()
camera = PiCamera()
camera.start_preview()
# 相机预热时间
sleep(2)
camera.capture(my_stream, 'jpeg')
```

> 注意　上述代码中明确指定了格式，但 BytesIO 对象没有文件名，因此相机无法自动确定要使用哪种格式。

捕获照片并存为流与指定文件名不一样，存为流后相机不会自动关闭。因为在这种模式下，PiCamera 会认为它没有打开流，也就不存在关闭流了。但是，如果对象有 flush 函数，则会在捕获照片返回值之前调用此函数。这主要是为了确保在获取照片返回值后，其他进程可以访问该数据，此时，对象也需要手动关闭：

```
from time import sleep
from picamera import PiCamera

# 打开一个名为my_image.jpg的文件
my_file = open('my_image.jpg', 'wb')
camera = PiCamera()
camera.start_preview()
sleep(2)
camera.capture(my_file)
# 此时，my_file.flush()已经被调用，但是还没有关闭
my_file.close()
```

注意 在上述例子中，没有必要指定文件格式，因为相机会自动查询 my_file 对象的文件名（即在对象中找 name 属性），匹配合适的格式，如 .jpg。

5.2.3 捕获照片并存为 PIL 图像

捕获照片并存为 PIL 图像实际是捕获照片并存为流的变体。首先，将照片捕获到 BytesIO 流（Python 的内置流），然后将流的位置倒回到最开始，并将流读取到 PIL（更多内容请参见 http://effbot.org/imagingbook/pil-index.htm）图像对象中：

```
from io import BytesIO
from time import sleep
from picamera import PiCamera
from PIL import Image

# 创建内存流
stream = BytesIO()
camera = PiCamera()
camera.start_preview()
sleep(2)
camera.capture(stream, format='jpeg')
# 将流的位置倒回到最开始以便读取
stream.seek(0)
image = Image.open(stream)
```

5.2.4 捕获调整了大小的图像

有时候，对图像进行分析处理，需要捕获比相机分辨率更小的图像。一方面可以使用 PIL 或 OpenCV 之类的库来调整大小，但是其实在捕获图像时用 Pi 的 GPU 来调整图像大小会更简单、有效。可以用 capture() 函数的 resize 参数来实现：

```
from time import sleep
from picamera import PiCamera

camera = PiCamera()
camera.resolution = (1024, 768)
```

```
camera.start_preview()
# 相机预热时间
sleep(2)
camera.capture('foo.jpg', resize=(320, 240))
```

resize 的参数也可以在录制视频时用 start_recording() 函数指定。

5.2.5　快拍和连拍的技巧

如果需要捕获一系列的图像（典型的示例就是快拍、连拍、延时摄影等），而且这些图像在亮度、颜色和对比度等方面相差不多，就需要保证连拍的多张图像之间各个参数的一致性。此时，一般可以通过将相机的曝光时间、白平衡和增益设置为固定值来达到目的。

- 固定曝光时间，将 shutter_speed（快门）设置为某个固定值。
- 设置 iso 为固定值（可选项）。
- 固定曝光增益，将 analog_gain 和 digital_gain 设置为某个固定值，然后将 exposure_mode 调成 off 状态。
- 固定白平衡，先将 awb_mode 调成 off 状态，然后把 awb_gains 设置为（红色，蓝色）的增益元组。

我们还需要进一步确定这些参数值到底应该是多少。例如，对于 iso，可以根据经验法则，白天（充足的光线）设置为 100 或 200，弱光下，设置为 400 或 800。可以根据 exposure_speed 确定对应的 shutter_speed。确定曝光增益时，只要将 exposure_mode 设置为 off 且设置 analog_gain 大于 1 就可以了。最后，要确定 awb_gains，只需确定 awb_mode 不是 off 状态下的值，因为相机的白平衡增益是自动白平衡算法决定的。

以下代码是配置这些设置的示例：

```
from time import sleep
from picamera import PiCamera

camera = PiCamera(resolution=(1280, 720), framerate=30)
# 设置 ISO 的值
camera.iso = 100
# 等自动增益稳定
sleep(2)
# 固定值
camera.shutter_speed = camera.exposure_speed
camera.exposure_mode = 'off'
g = camera.awb_gains
camera.awb_mode = 'off'
camera.awb_gains = g
# 最后，拍几张固定设置下的照片
camera.capture_sequence(['image%02d.jpg' % i for i in range(10)])
```

5.2.6 捕获延时摄影序列

要捕获长时间延时摄影序列，最简单的方法是使用 capture_continuous() 函数。如果不告诉相机停止捕获，相机就会不间断地捕获图像。图像自动无重复命名，同时还可以指定捕获之间的间隔时间。以下示例展示了相机每间隔 5 分钟拍摄一次而捕获得到的一系列图像：

```
from time import sleep
from picamera import PiCamera

camera = PiCamera()
camera.start_preview()
sleep(2)
for filename in camera.capture_continuous('img{counter:03d}.jpg'):
    print('Captured %s' % filename)
    sleep(300) # 间隔5分钟
```

如果要在特定时间捕获图像，比如每小时开始的那一时间点捕获图像，只需要更改循环中的间隔就能够实现。在如下代码中，datetime 模块用于计算日期和时间，此示例还演示了文件名批量命名的 timestamp 模板：

```
from time import sleep
from picamera import PiCamera
from datetime import datetime, timedelta

def wait():
    # 计算到下一小时开始的间隔
    next_hour = (datetime.now() + timedelta(hour=1)).replace(
        minute=0, second=0, microsecond=0)
    delay = (next_hour - datetime.now()).seconds
    sleep(delay)

camera = PiCamera()
camera.start_preview()
wait()
for filename in camera.capture_continuous('img{timestamp:%Y-%m-%d-%H-%M}.jpg'):
    print('Captured %s' % filename)
    wait()
```

5.2.7 弱光下拍照

类似上一节中提到的技巧，Pi 相机也可以在弱光下捕捉图像。通过设置高增益和长曝光时间，相机就可以尽可能多地采集光。但是，受到相机 framerate 的限制，shutter_speed 首先需要设置非常慢的帧速率。以下脚本捕获了曝光时间为 6 秒的图像（PiV1 相机模块最长曝光时间为 6 秒；V2 相机模块最长曝光时间可以达到 10 秒）：

```
from picamera import PiCamera
```

```
from time import sleep
from fractions import Fraction

# 强制启动传感器的mode 3（长曝光模式）设置帧速率为 1/6fps，快门速度为6秒，
# ISO 设置为 800 (获得最大增益)
camera = PiCamera(
    resolution=(1280, 720),
    framerate=Fraction(1, 6),
    sensor_mode=3)
camera.shutter_speed = 6000000
camera.iso = 800
# 给足够时间让相机调整增益和白平衡
# (也可以用固定白平衡)
sleep(30)
camera.exposure_mode = 'off'
# 最后，捕获一张6秒长曝光的图像，
# 由于模式切换也要消耗时间，所以实际会比6秒长一点
camera.capture('dark.jpg')
```

对于以上设置，如果相机不在弱光环境下，则会造成脚本生成的图像过度曝光，甚至完全是白色。

> 注意　Pi 相机模块使用的是滚动快门，如果拍摄对象相对于相机移动，则可能会出现失真、模糊的情况。曝光时间越长，失真越明显。

使用长时间曝光时，最好使用 framerate_range 代替 framerate。在相机工作过程中也可以改变帧速率并尽可能使用小的帧速率（这样捕获延迟会减小）。上面的脚本没有使用这种方法，因为快门速度被强制限定在 6 秒内（V1 相机模块允许的最长曝光时间为 6 秒），设置帧速率毫无意义。

5.2.8　网络直播

捕获网络视频流需要两个脚本：一个脚本是服务器端脚本，服务器端监听树莓派的连接，另一个脚本是在树莓派上运行的客户端脚本，客户端将连续的图像流发送到服务器端。这里使用一个非常简单的通信协议：首先，将图像的长度以 32 位整型（Little Endian 格式，更多内容请参见 https://en.wikipedia.org/wiki/Endianness）发送，然后发送图像数据字节。如果长度为 0，则表示关闭连接，即不再有图像。该协议的简单示意图如图 5-5 所示。

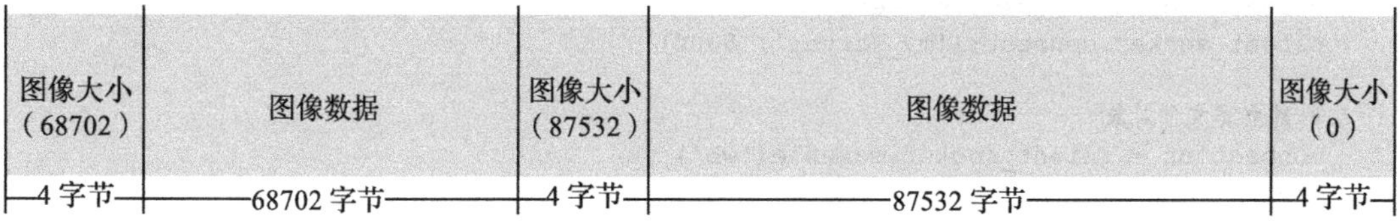

图 5-5　简单通信协议示意图

首先，服务器端脚本依赖于PIL，用来读取JPEG文件，但也可以使用OpenCV或GraphicsMagick等其他图形库。

```
import io
import socket
import struct
from PIL import Image

# 启动套接字监听 0.0.0.0:8000 上的连接 (0.0.0.0 表示所有接口)
server_socket = socket.socket()
server_socket.bind(('0.0.0.0', 8000))
server_socket.listen(0)

# 接收连接并建立类文件对象
connection = server_socket.accept()[0].makefile('rb')
try:
    while True:
        # 以32位unsigned int的形式读取图像的长度。如果length为零，退出循环
        image_len = struct.unpack('<L', connection.read(struct.calcsize('<L')))[0]
        if not image_len:
            break
        # 构造流保存图像数据并从连接中读取图像数据
        image_stream = io.BytesIO()
        image_stream.write(connection.read(image_len))
        # 回放流，使用PIL将其作为图像打开并处理
        image_stream.seek(0)
        image = Image.open(image_stream)
        print('Image is %dx%d' % image.size)
        image.verify()
        print('Image is verified')
finally:
    connection.close()
    server_socket.close()
```

在树莓派上的客户端脚本如下所示。

```
import io
import socket
import struct
import time
import picamera

# 客户端套接字连接到 my_server:8000
# (把my_server换成服务器的主机名)
client_socket = socket.socket()
client_socket.connect(('my_server', 8000))

# 建立类文件对象
connection = client_socket.makefile('wb')
try:
    camera = picamera.PiCamera()
    camera.resolution = (640, 480)
```

```
    # 启动预览，并让相机预热2秒
    camera.start_preview()
    time.sleep(2)

    # 注意开始时间并构造一个暂时保存图像数据的流
    #（也可以直接将其写入连接，但为了使通信协议简单，需要确立每个捕获图像的大小）
    start = time.time()
    stream = io.BytesIO()
    for foo in camera.capture_continuous(stream, 'jpeg'):
        # 把捕获的长度写入流并刷新以确保真的有发送
        connection.write(struct.pack('<L', stream.tell()))
        connection.flush()
        # 回放流并通过网络发送图像数据
        stream.seek(0)
        connection.write(stream.read())
        # 如果超过 30 秒没有捕获，则退出
        if time.time() - start > 30:
            break
        # 重置流以便下次捕获
        stream.seek(0)
        stream.truncate()
    # 在流中写入一个零长度，表示已经结束
    connection.write(struct.pack('<L', 0))
finally:
    connection.close()
    client_socket.close()
```

注意　要先运行服务器脚本，以确保监听准备好接收来自客户端脚本的连接，类似于 nc 的连接。

5.3　使用摄像头拍摄视频

5.2 节介绍了拍摄静态图片的方法，本节我们来学习拍摄视频的方法。

5.3.1　录制视频文件

将视频录制到文件的代码如下：

```
import picamera

camera = picamera.PiCamera()
camera.resolution = (640, 480)
camera.start_recording('my_video.h264')
camera.wait_recording(60)
camera.stop_recording()
```

注意，这里没有用之前图像捕获示例中使用的 time.sleep()，而是用到 wait_recording()

函数。该函数和 time.sleep() 函数都可以使相机暂停一段时间，但 wait_recording() 在暂停时还会不断检查录制过程的错误（例如，磁盘空间不足）。如果使用 time.sleep()，那类似磁盘空间不足这种错误只会被 stop_recording() 触发（这样，调用函数时错误已经产生很久了）。

5.3.2 录制视频流

录制视频流的代码如下：

```
from io import BytesIO
from picamera import PiCamera

stream = BytesIO()
camera = PiCamera()
camera.resolution = (640, 480)
camera.start_recording(stream, format='h264', quality=23)
camera.wait_recording(15)
camera.stop_recording()
```

录制视频流需要设置 quality 参数，以便给编码器指定图像质量级别。相机的 H.264 编码器主要有两个参数。

- 比特率。将编码器的输出限制为每秒一定的比特数量。默认值为 17 000 000（17Mbps），最大值为 25 000 000（25Mbps）。若使用较高值，编码器就以更高的质量进行编码。除较高的录制分辨率外，默认情况下不会限制编码器。
- 质量。告诉编码器需要什么级别的图像质量。质量的值在 1（最高质量）和 40（最低质量）之间。值的设定根据带宽和质量来定，一般设在 20 到 25 之间。

除了使用 Python 内置的流（如 BytesIO 流）之外，也可以构建自己的自定义输出，这对视频录制非常有用，我们将在下一章中详细介绍。

5.3.3 录制拆分为多个文件

如果需要将录制内容拆分成多个文件，可以使用 split_recording() 函数：

```
import picamera

camera = picamera.PiCamera(resolution=(640, 480))
camera.start_recording('1.h264')
camera.wait_recording(5)
for i in range(2, 11):
    camera.split_recording('%d.h264' % i)
    camera.wait_recording(5)
camera.stop_recording()
```

这段代码会产生 10 个分别名为“1.h264，2.h264，…，10.h264”的视频文件。每个视频文件时长在 5 秒左右，5 秒左右是因为 split_recording() 函数只在关键帧处才会分割文件。

record_sequence() 函数也可以实现这个功能，代码行数也更少：

```
import picamera

camera = picamera.PiCamera(resolution=(640, 480))
for filename in camera.record_sequence(
        '%d.h264' % i for i in range(1, 11)):
    camera.wait_recording(5)
```

record_sequence() 函数在 picamera 1.3 版中新增。

5.3.4 录制循环视频流

录制循环视频流类似于后文提到的录制视频流，不同的是，这里使用了 picamera 库提供的特殊内存流。PiCameraCircularIO 类有专门用于视频录制的环形缓冲区（更多内容请参见 https://en.wikipedia.org/wiki/Circular_buffer）数据流，这样可以保留内存中最后 *n* 秒录制的流。其中 *n* 由视频录制的比特率和环形缓冲区的大小决定。

这种流的典型应用是安全应用场景，如需要检测运动并且仅将检测到运动的视频记录到磁盘。下面的示例展示了在内存中保留 20 秒的视频直到 write_now 函数返回 True。本例中使用了随机数，但是也可以用运动检测算法来代替。一旦 write_now 返回 True，脚本将等待 10 秒（以便缓冲区包含 10 秒前和 10 秒后的视频）并将视频写入磁盘，然后再返回继续等待：

```
import io
import random
import picamera

def motion_detected():
    # 随机返回True (类似运动检测)
    return random.randint(0, 10) == 0

camera = picamera.PiCamera()
stream = picamera.PiCameraCircularIO(camera, seconds=20)
camera.start_recording(stream, format='h264')
try:
    while True:
        camera.wait_recording(1)
        if motion_detected():
            # 保持录制10秒，然后将流写入磁盘
            camera.wait_recording(10)
```

```
        stream.copy_to('motion.h264')
finally:
    camera.stop_recording()
```

在上面的脚本中，使用了特殊的 copy_to() 函数将流复制到磁盘文件。这会自动处理一些细节，比如：在循环缓冲区中查找第一个关键帧的开头，以及写入特定字节数或秒数等功能。

> **注意** 流中至少有 20 秒的视频。这只是一个估计值；如果 H.264 编码器用低于指定的比特率（默认为 17Mbps）录制视频，那么流中视频将超过 20 秒。

copy_to() 是版本 1.0 中的新功能。在版本 1.11 中有更改，增加了 copy_to() 的使用。

5.3.5 录制网络视频流

录制网络视频流从 socket() 创建类文件对象，而没用 Python 的内置流 BytesIO。发送的是连续视频流（已经包含了通信协议，效率也更高），因此可以简单地将录制视频直接转储到网络套接字上。

首先，服务器端脚本读取视频流并将其传送到媒体播放器上，并显示：

```
import socket
import subprocess

# 启动套接字监听 0.0.0.0:8000 上的连接 (0.0.0.0 表示所有接口)
server_socket = socket.socket()
server_socket.bind(('0.0.0.0', 8000))
server_socket.listen(0)

# 接收连接并建立类文件对象
connection = server_socket.accept()[0].makefile('rb')
try:
    #使用命令行运行视频播放器。 要用mplayer的话，取消注释mplayer这一行
    cmdline = ['vlc', '--demux', 'h264', '-']
    #cmdline = ['mplayer', '-fps', '25', '-cache', '1024', '-']
    player = subprocess.Popen(cmdline, stdin=subprocess.PIPE)
    while True:
        # 从连接中反复读取1KB数据并将其写入媒体播放器的标准输入
        data = connection.read(1024)
        if not data:
            break
        player.stdin.write(data)
finally:
    connection.close()
    server_socket.close()
    player.terminate()
```

注意 如果在 Windows 上运行此脚本，则需要提供 VLC 或 mplayer 软件的完整路径。如果在 Mac OS X 上运行此脚本，并从 MacPorts 安装的 Python，还需要从 MacPorts 安装 VLC 或 mplayer。

此设置可能有几秒的延迟。这是正常的，因为媒体播放器会缓冲几秒以避免不可靠的网络流。某些媒体播放器（特别是 mplayer）允许用户跳到缓冲区的末尾（按下 mplayer 中的右键），通过增添丢弃网络数据包来减少缓冲延迟。

客户端脚本通过从网络套接字创建的类文件对象启动录制：

```
import socket
import time
import picamera

# 客户端套接字连接到 my_server:8000
# (把my_server换成服务器的主机名)
client_socket = socket.socket()
client_socket.connect(('my_server', 8000))

# 从连接中建立类文件对象
connection = client_socket.makefile('wb')
try:
    camera = picamera.PiCamera()
    camera.resolution = (640, 480)
    camera.framerate = 24
    # 开启预览并让相机预热2秒
    camera.start_preview()
    time.sleep(2)
    # 开始录制，将输出发送到连接60秒，然后停止
    camera.start_recording(connection, format='h264')
    camera.wait_recording(60)
    camera.stop_recording()
finally:
    connection.close()
    client_socket.close()
```

在 Linux 上使用 netcat 和 raspivid 可执行文件的组合可以更容易地实现上述效果。代码如下：

```
# on the server
$ nc -l 8000 | vlc --demux h264 -

# on the client
raspivid -w 640 -h 480 -t 60000 -o - | nc my_server 8000
```

同时，这个方法可应用到很多视频流应用中。也可以对调服务器端和客户端，用 Pi 充当服务器端，等待来自客户端的连接。连接时，在它上面流传输视频 60 秒。还有一种应用是（仅用于演示）直接初始化相机以允许流连接，这样在连接时可以更快启动：

```
import socket
import time
import picamera

camera = picamera.PiCamera()
camera.resolution = (640, 480)
camera.framerate = 24

server_socket = socket.socket()
server_socket.bind(('0.0.0.0', 8000))
server_socket.listen(0)

# 接收连接并创建类文件对象
connection = server_socket.accept()[0].makefile('wb')
try:
    camera.start_recording(connection, format='h264')
    camera.wait_recording(60)
    camera.stop_recording()
finally:
    connection.close()
    server_socket.close()
```

这种设置的一个优点是客户端不需要脚本，可以简单地使用带有 URL 的 VLC 播放器：

```
vlc tcp/h264://my_pi_address:8000/
```

注意 VLC（或 mplayer）无法在 Pi 上回放，（目前）也不能使用 GPU 进行解码，所以它是在 Pi 的 CPU（算力不够）上执行视频解码的。你需要在更强悍的机器上运行这些应用程序（Atom 驱动的笔记本应该可以播放非 HD 的视频）。

5.3.6 视频预览叠加图像加水印

相机预览系统可以同时运行多个分层渲染器。虽然 picamera 库只允许单个渲染器连接到相机的预览端口，但它可以创建显示静态图像的其他渲染器。然后，这些重叠的渲染器就可以用于创建简单的用户界面了。

注意 叠加图像不会出现在图像捕获或视频录制中。如果需要在相机输出中嵌入其他信息，请参阅 5.3.7 节的相关内容，也就是为视频加水印或时间戳。

使用叠加渲染器的一个难点在于，叠加渲染器需要未编码 RGB 输入填充到相机的块中。相机的块尺寸为 32×16，因此提供给渲染器的图像数据的宽度必须是 32 的倍数，高度必须是 16 的倍数，同时需要的特定 RGB 格式是交错的无符号字节。

下面的示例展示了如何使用 PIL 加载任意尺寸的图像，然后将其填充到所需的尺寸，并调用add_overlay()生成未编码的RGB数据：

```
import picamera
from PIL import Image
from time import sleep

camera = picamera.PiCamera()
camera.resolution = (1280, 720)
camera.framerate = 24
camera.start_preview()

# 加载任意尺寸的图像
img = Image.open('overlay.png')
# 使用“RGB”模式创建填充到所需大小的图像
pad = Image.new('RGB', (
    ((img.size[0] + 31) // 32) * 32,
    ((img.size[1] + 15) // 16) * 16,
    ))
# 将原始图像粘贴到填充图像中
pad.paste(img, (0, 0))

# 使用填充图像作为叠加层，添加原始图像的尺寸
o = camera.add_overlay(pad.tobytes(), size=img.size)
# 默认情况下，叠加层位于预览层下方的第0层（默认为第2层）。
# 把新叠加层设置为半透明，然后将其移动到预览层上方
o.alpha = 128
o.layer = 3

# 等待，直到用户终止脚本
while True:
    sleep(1)
```

或者，也可以直接从numpy数组生成叠加层，而不是使用图像文件作为源。在下面的示例中，构造了一个与屏幕分辨率相同的numpy数组，然后在中心绘制了白色十字，并将其覆盖在预览层上：

```
import time
import picamera
import numpy as np

# 创建一个数组，表示穿过显示屏中心十字的1280×720图像
# 数组的形状必须是（高度，宽度，颜色）形式
a = np.zeros((720, 1280, 3), dtype=np.uint8)
a[360, :, :] = 0xff
a[:, 640, :] = 0xff

camera = picamera.PiCamera()
camera.resolution = (1280, 720)
camera.framerate = 24
camera.start_preview()
```

```
# 将叠加层直接添加到具有透明度的第3层中
# 可以省略add_overlay的size参数，因为它的大小与相机的分辨率相同
o = camera.add_overlay(np.getbuffer(a), layer=3, alpha=64)
try:
    # 等待，直到用户终止脚本
    while True:
        time.sleep(1)
finally:
    camera.remove_overlay(o)
```

由于可以隐藏重叠的渲染器（移动到layer默认值为2的预览层下方），使其为半透明（用alpha属性指定），并调整大小以避免覆盖整个屏幕，这样就可以构造简单的用户界面了。这是1.8版本中的新功能。

5.3.7 视频输出叠加文本、时间戳

相机还有一个基本的注释工具，可以在输出（包括预览、图像捕获和视频录制）上覆盖最多255个ASCII字符。例如，为annotate_text赋值一个字符串。

```
import picamera
import time

camera = picamera.PiCamera()
camera.resolution = (640, 480)
camera.framerate = 24
camera.start_preview()
camera.annotate_text = 'Hello world!'
time.sleep(2)
# 拍张带注释的照片
camera.capture('foo.jpg')
```

要想添加比255个字符更长的字符串，可以使用如下代码：

```
import picamera
import time
import itertools

s = "This message would be far too long to display normally..."

camera = picamera.PiCamera()
camera.resolution = (640, 480)
camera.framerate = 24
camera.start_preview()
camera.annotate_text = ' ' * 31
for c in itertools.cycle(s):
    camera.annotate_text = camera.annotate_text[1:31] + c
    time.sleep(0.1)
```

叠加文本也可用于在录制中显示时间戳（示例还展示了在时间戳后面画背景图以与

annotate_background 对比)：

```
import picamera
import datetime as dt

camera = picamera.PiCamera(resolution=(1280, 720), framerate=24)
camera.start_preview()
camera.annotate_background = picamera.Color('black')
camera.annotate_text = dt.datetime.now().strftime('%Y-%m-%d %H:%M:%S')
camera.start_recording('timestamped.h264')
start = dt.datetime.now()
while (dt.datetime.now() - start).seconds < 30:
    camera.annotate_text = dt.datetime.now().strftime('%Y-%m-%d %H:%M:%S')
    camera.wait_recording(0.2)
camera.stop_recording()
```

5.4　本章小结

在本章中，我们给树莓派安装了摄像头，并且成功地使用 Python 语言拍摄了照片和视频，下一章我们将更加深入地介绍 picamera 库，也会介绍更多使用 Python 操作摄像头的技巧。

Chapter 6 第6章

使用 Python 处理相机原始数据

在上一章我们学习了关于摄像头的初级操作后，现在可以开始实现一些比较复杂的高阶操作了。

这里再强调下，在运行你自己的脚本时，一定不要把 .py 文件命名为 picamera.py，如果需要导入 PiCamera 模块，由于 picamera 包本身也有一个命名为 picamera.py 的文件，所以可能会报错，Python 会优先检查当前的项目文件夹，然后去检查其他路径。

6.1 捕获并直接编码

本节我们将实现图像捕获并直接编码，具体实现流程如下所示。

6.1.1 捕获并编码为 numpy 数组

从 1.11 版本开始，picamera 可以直接捕获成包括 numpy ndarray 在内的 Python 缓冲协议对象。只需要把对象作为捕获目标进行传递，图像数据就会直接写入对象。根据使用的 Python 版本，目标对象满足的要求是不一样的。

1）缓冲区对象必须可写（所以，就无法捕获到 bytes 对象，因为它不可变）。

2）缓冲区对象必须足够大，这样才能接收所有图像数据。

3）缓冲区对象必须是一维的（只针对 Python 2.*x* 版本）。

4）缓冲区对象必须具有字节大小的项（只针对 Python 2.*x* 版本）。

要直接捕获到 3 维 numpy ndarray（只针对 Python 3.*x* 版本），可使用如下代码：

```
import time
import picamera
import numpy as np

with picamera.PiCamera() as camera:
    camera.resolution = (320, 240)
    camera.framerate = 24
    time.sleep(2)
    output = np.empty((240, 320, 3), dtype=np.uint8)
    camera.capture(output, 'rgb')
```

注意 当输出到未编码格式时，相机会对分辨率取整。横向分辨率向上取整到最接近 32 的倍数像素，而纵向分辨率向上取整到最接近 16 的倍数像素。例如，如果需要的分辨率为 100×100，则捕获实际包含 128×112 像素的数据，但超过 100×100 的像素是没有初始化的。

所以，要捕获 100×100 的图像，首先需要声明一个 128×112 的矩阵，然后去掉未初始化的像素。下面代码展示了这个过程，并且在 Python 2.x 版本中需要调整数组维度：

```
import time
import picamera
import numpy as np

with picamera.PiCamera() as camera:
    camera.resolution = (100, 100)
    camera.framerate = 24
    time.sleep(2)
    output = np.empty((112 * 128 * 3,), dtype=np.uint8)
    camera.capture(output, 'rgb')
    output = output.reshape((112, 128, 3))
    output = output[:100, :100, :]
```

注意 非调整大小，非 YUV，视频端口捕获时，分辨率将四舍五入为 16×16 而不是 32×16，你需要相应地调整分辨率。这是 picamera 1.11 版本中的新功能。

6.1.2 捕获并编码为 opencv 对象

捕获成 Opencv 对象是捕获成 numpy 数组的变体。OpenCV 使用 numpy 数组作为图像，默认使用 BGR 颜色，而不是 RGB，注意顺序。以下是捕获 OpenCV 图像的代码：

```
import time
import picamera
import numpy as np
import cv2
```

```
with picamera.PiCamera() as camera:
    camera.resolution = (320, 240)
    camera.framerate = 24
    time.sleep(2)
    image = np.empty((240 * 320 * 3,), dtype=np.uint8)
    camera.capture(image, 'bgr')
    image = image.reshape((240, 320, 3))
```

在 picamera 1.11 版本中可直接使用数组捕获。

6.1.3 捕获未编码图像（YUV）

如果想要捕获的图像不丢失细节（JPEG 图像会有损压缩），最好使用 PNG 格式（PNG 是无损压缩格式）。但是，有些程序（特别是科学计算类的程序）只需要数字形式的图像数据，这时，可以用 yuv 格式：

```
import time
import picamera

with picamera.PiCamera() as camera:
    camera.resolution = (100, 100)
    camera.start_preview()
    time.sleep(2)
    camera.capture('image.data', 'yuv')
```

一种特定的 YUV 格式㊀是 YUV420㊁的平面格式。在这种格式下，数据中第一部分就是 Y 值（亮度），并且是全分辨率的。Y 值之后是 U 值（色度），最后是 V 值（色度）。4∶2∶0 表示 2∶1 的水平取样，垂直 2∶1 采样。所以 UV 值是 Y 分量的四分之一，每个 1 字节 U 和 1 字节 V 值对应了 2×2 的 4 个 1 字节 Y 值。如图 6-1 所示。

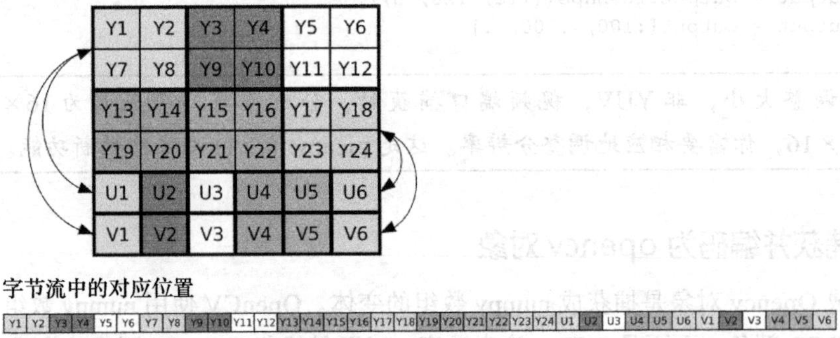

图 6-1 YUV420 取样示意图

㊀ 更多内容请参见 https://en.wikipedia.org/wiki/YUV。

㊁ 更多内容请参见 https://en.wikipedia.org/wiki/YUV#Y.E2.80.B2UV420p_.28and_Y.E2.80.B2V12_or_YV12.29_to_RGB888_conversion。

注意 同样地，当输出到未编码格式时，相机会分辨率取整。横向分辨率向上取整到最接近 32 的倍数像素，而纵向分辨率向上取整到最接近 16 的倍数像素。如果需要的分辨率为 100×100，则捕获图像包含 128×112 像素的数据，但超过 100×100 的像素不会进行初始化。

由于 YUV420 格式中每个像素包含 1.5 个字节的数据，再加上分辨率取整，所以大小为 100×100 的 YUV 图像字节数如图 6-2 所示。

	128.0	100 rounded up to nearest multiple of 32
×	112.0	100 rounded up to nearest multiple of 16
×	1.5	bytes of data per pixel in YUV420 format
	21504.0	bytes total

图 6-2 捕获未编码图像（YUV）

数据的前 14336 个字节（128×112）是 Y 值，接下来的 3584 个字节（128×112÷4）是 U 值，最后的 3584 个字节是 V 值。

以下代码可实现捕获 YUV 图像数据，将数据加载到 numpy 数组中，并将数据转换为 RGB 格式：

```
from __future__ import division

import time
import picamera
import numpy as np

width = 100
height = 100
stream = open('image.data', 'w+b')
# 捕获YUV格式图像
with picamera.PiCamera() as camera:
    camera.resolution = (width, height)
    camera.start_preview()
    time.sleep(2)
    camera.capture(stream, 'yuv')
# 回放流以便读取
stream.seek(0)
# 计算流中的实际图像大小（考虑分辨率的取整）
fwidth = (width + 31) // 32 * 32
fheight = (height + 15) // 16 * 16
# 从流中加载Y（亮度）数据
Y = np.fromfile(stream, dtype=np.uint8, count=fwidth*fheight).\
        reshape((fheight, fwidth))
# 从流中加载UV（色度）数据，并将值大小乘以2
U = np.fromfile(stream, dtype=np.uint8, count=(fwidth//2)*(fheight//2)).\
        reshape((fheight//2, fwidth//2)).\
```

```
        repeat(2, axis=0).repeat(2, axis=1)
V = np.fromfile(stream, dtype=np.uint8, count=(fwidth//2)*(fheight//2)).\
        reshape((fheight//2, fwidth//2)).\
        repeat(2, axis=0).repeat(2, axis=1)
# 将YUV通道堆在一起，切片出实际分辨率，转换为浮点数方便计算，并减去标准偏差
YUV = np.dstack((Y, U, V))[:height, :width, :].astype(np.float)
YUV[:, :, 0]  = YUV[:, :, 0]  - 16   #  Y 减去 16
YUV[:, :, 1:] = YUV[:, :, 1:] - 128  #  UV 减去 128
# ITU-R BT.601版（SDTV）的YUV转换矩阵

#               Y       U       V
M = np.array([[1.164,  0.000,  1.596],    # R
              [1.164, -0.392, -0.813],    # G
              [1.164,  2.017,  0.000]])   # B
# 点乘M矩阵得到RGB输出，将结果转换为字节
RGB = YUV.dot(M.T).clip(0, 255).astype(np.uint8)
```

注意 上面代码使用了 open() 而没用其他例子中的 io.open()，因为 numpy 的 numpy.fromfile() 函数只接收文件对象。

这段代码现在封装在 picamera.array 模块的 PiYUVArray 类中，所以也可以用如下代码实现同样效果：

```
import time
import picamera
import picamera.array

with picamera.PiCamera() as camera:
    with picamera.array.PiYUVArray(camera) as stream:
        camera.resolution = (100, 100)
        camera.start_preview()
        time.sleep(2)
        camera.capture(stream, 'yuv')
        # YUV 数据尺寸
        print(stream.array.shape)
        # 转换后RGB数据的尺寸
        print(stream.rgb_array.shape)
```

从 picamera 1.11 版本开始，还可以直接捕获到 numpy 数组。由于 Y 和 UV 的分辨率不同，所以直接用是不行的。如果需要 YUV 值，最好用 PiYUVArray，这样就可以重新调整 UV。但是，如果只需要 Y 值，则可以为 Y 分配足够大的缓冲区，并忽略写入缓冲区时发生的错误：

```
import time
import picamera
import picamera.array
import numpy as np

with picamera.PiCamera() as camera:
```

```
    camera.resolution = (100, 100)
    time.sleep(2)
    y_data = np.empty((112, 128), dtype=np.uint8)
    try:
        camera.capture(y_data, 'yuv')
    except IOError:
        pass
    y_data = y_data[:100, :100]
    # y_data 只包含了 Y-plane
```

或者，详见捕获未编码图像（RGB），这种模式可以直接使用相机输出 RGB 数据。

> 注意　捕获的“原始”格式（yuv、rgb 等）并不意味着从相机的传感器捕获 Bayer 原始数据，而是在 GPU 处理之后，在格式编码（JPEG、PNG 等）之前访问图像数据。目前，访问原始 bayer 数据的唯一办法是通过 capture() 函数的 bayer 参数。

6.1.4　捕获编码图像（RGB）

RGB 格式生成的文件往往比 YUV 格式生成的文件更大，大多数情况下使用的都是这个格式。要让相机输出 RGB 格式，只需指定 capture() 函数的 rgb：

```
import time
import picamera

with picamera.PiCamera() as camera:
    camera.resolution = (100, 100)
    camera.start_preview()
    time.sleep(2)
    camera.capture('image.data', 'rgb')
```

RGB 格式数据的大小计算过程跟 YUV 格式的计算过程差不多。首先适当对分辨率取整，参见 6.1.3 节，然后将像素乘以 3（红色、绿色、蓝色各 1 个字节）。因此，一张 100 × 100 的图像的数据大小如图 6-3 所示。

	128.0	100 rounded up to nearest multiple of 32
×	112.0	100 rounded up to nearest multiple of 16
×	3.0	bytes of data per pixel in RGB format
	43008.0	bytes total

图 6-3　捕获编码图像（RGB）

> 注意　非调整大小，非 YUV，视频端口捕获时，分辨率将四舍五入为 16×16 而不是 32×16。你需要相应地调整分辨率。

得到的 RGB（更多内容请参见 https://en.wikipedia.org/wiki/RGB）数据按照红色、绿色

和蓝色值的顺序组合。数据的第一个字节是位置（0,0）像素的红色值，第二个字节是这个像素的绿色值，第三个字节是这个像素的蓝色值。第四个字节是位置（1,0）像素的红色值，依此类推。

由于 RGB 数据中各通道数据大小相同（YUV420 则不同），直接捕获到 numpy 数组就很简单。这是基于 Python 3.*x* 版本，如基于 Python 2.*x* 版本，捕获过程请参见前文 6.1.1 节。

```
import time
import picamera
import picamera.array
import numpy as np

with picamera.PiCamera() as camera:
    camera.resolution = (100, 100)
    time.sleep(2)
    image = np.empty((128, 112, 3), dtype=np.uint8)
    camera.capture(image, 'rgb')
    image = image[:100, :100]
```

注意 静止端口的 RGB 捕获在相机的全分辨率下会出错（会内存不足）。如果需要全分辨率，建议使用 YUV 捕获，当然也可以从视频端口捕获。

6.1.5 自定义编码器

图像和视频捕获时，可以重写以及拓展编码器。这样，可以在每一帧上运行自己的代码，编码器回调中代码的运行速度必须相当快，以避免逼停编码器管道。

自定义编码器比自定义输出（见 6.3.1 节）要难，并且在大多数时候并没什么用。自定义编码器比自定义输出多的唯一一个功能是访问缓冲区头部标志。许多输出格式（例如 MJPEG 和 YUV），缓冲区只有完整的帧，没有其他内容。目前，缓冲区头部标志包含有用信息的唯一一个格式是 H.264。大多数信息（I 帧、P 帧、运动信息等）都可以从 frame 属性访问。frame 属性是从自定义输出的 write 函数访问的。

picamera 定义的编码器类的层次结构如图 6-4 所示，其中，暗色填充的类实际上由 picamera 中的实例化实现，亮色填充的类实现基本功能但并不是“抽象”类。

表 6-1 详细说明了哪些 picamera 函数使用哪些编码器类，以及它们调用哪些函数来构造这些编码器。

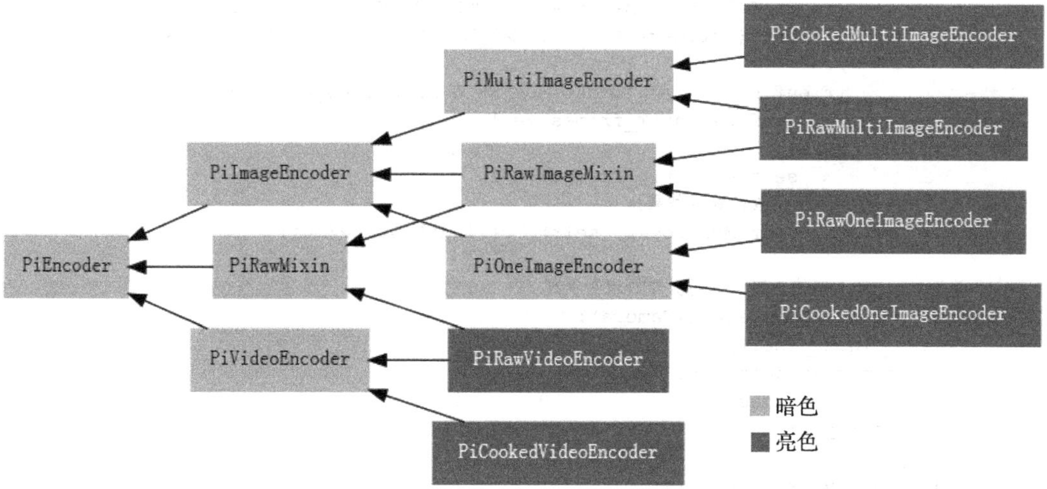

图 6-4　picamera 定义的编码器类的层次结构

表 6-1　picamera 函数的编码器类及相关说明

函数	调用	返回
capture()、capture_continuous()、capture_sequence()	_get_image_encoder()	PiCookedOneImageEncoder、PiRawOneImageEncoder
capture_sequence()	_get_images_encoder()	PiCookedMultiImageEncoder、PiRawMultiImageEncoder
start_recording()、record_sequence()	_get_video_encoder()	PiCookedVideoEncoder、PiRawVideoEncoder

在使用图像编码器类时，建议熟悉这些类的特定功能，以便确定最适合需求的类。在一些中间类的基础上，你也可以自己调整。

在下面的示例中，扩展 PiCookedVideoEncoder 类以存储捕获的 I 帧和 P 帧数（相机的编码器并不使用 B 帧）:

```
import picamera
import picamera.mmal as mmal

# 覆盖PiVideoEncoder以跟踪每种类型的帧数量
class MyEncoder(picamera.PiCookedVideoEncoder):
    def start(self, output, motion_output=None):
        self.parent.i_frames = 0
        self.parent.p_frames = 0
        super(MyEncoder, self).start(output, motion_output)

    def _callback_write(self, buf):
        # 只在缓冲区表明帧结束并且不是SPS / PPS标头 (..._ CONFIG)时才计数
        if (
```

```
                (buf.flags & mmal.MMAL_BUFFER_HEADER_FLAG_FRAME_END) and
                not (buf.flags & mmal.MMAL_BUFFER_HEADER_FLAG_CONFIG)
            ):
            if buf.flags & mmal.MMAL_BUFFER_HEADER_FLAG_KEYFRAME:
                self.parent.i_frames += 1
            else:
                self.parent.p_frames += 1
        # 记得返回父级函数的结果!
        return super(MyEncoder, self)._callback_write(buf)

# 覆盖picamera以使自定义编码器开始录制视频
class MyCamera(picamera.PiCamera):
    def __init__(self):
        super(MyCamera, self).__init__()
        self.i_frames = 0
        self.p_frames = 0

    def _get_video_encoder(
            self, camera_port, output_port, format, resize, **options):
        return MyEncoder(
                self, camera_port, output_port, format, resize, **options)

with MyCamera() as camera:
    camera.start_recording('foo.h264')
    camera.wait_recording(10)
    camera.stop_recording()
    print('Recording contains %d I-frames and %d P-frames' % (
            camera.i_frames, camera.p_frames))
```

注意 上述代码有 bug，picamera 能够同时录制多个视频。如果与上面的代码一起使用，那么每个编码器将最终递增 MyCamera 上的 i_frames 和 p_frames 属性，从而导致错误结果。

6.2 多种捕获方法

下面，我们将重点讲解几种常用的捕获方法。

6.2.1 录像时截屏

相机可以在录制视频时截取图像。但是，如果使用静止图像捕获模式，则生成的视频将在静止图像捕获期间掉帧。因为通过静止端口捕获的图像需要切换模式，切换就会导致掉帧（即在预览时捕获看到的高分辨率下的闪烁现象）。

但是，如果 use_video_port 参数强制基于视频端口捕获，则模式不会切换，那么生成的视频就不会掉帧。假设在下一个视频帧到达前，可以保存图像：

```
import picamera

with picamera.PiCamera() as camera:
    camera.resolution = (800, 600)
    camera.start_preview()
    camera.start_recording('foo.h264')
    camera.wait_recording(10)
    camera.capture('foo.jpg', use_video_port=True)
    camera.wait_recording(10)
    camera.stop_recording()
```

上面的代码应该会产生一个没有掉帧的 20 秒视频，以及一个从视频 10 秒处开始的静止帧。注意，较高分辨率或非 JPEG 图像格式仍可能掉帧（只有 JPEG 编码是硬件加速的）。

6.2.2 多种分辨率下录制

通过使用视频分配器，相机能够同时在不同分辨率下录制多个流。可以在低分辨率流上进行分析，同时录制高分辨率流进行存储或查看。

以下代码简单演示了如何使用 splitter_port 函数的 start_recording() 参数开启两个视频同时录制，每个视频分辨率各不相同：

```
import picamera

with picamera.PiCamera() as camera:
    camera.resolution = (1024, 768)
    camera.framerate = 30
    camera.start_recording('highres.h264')
    camera.start_recording('lowres.h264', splitter_port=2, resize=(320, 240))
    camera.wait_recording(30)
    camera.stop_recording(splitter_port=2)
    camera.stop_recording()
```

代码中有 4 个分配器端口（编号为 0、1、2 和 3）。视频录制默认使用分配器端口 1，而图像捕获方法默认为分配器端口 0（当 use_video_port 参数也为 True 时）。分配器端口不能同时用于视频录制和图像捕获，因此不建议使用分配器端口 0 进行视频录制，除非不准备在录制视频时捕获图像。

6.2.3 特殊文件输出

picamera 接收的输出类型如下所示。

- ❑ 字符串，将被视为文件名。
- ❑ 类文件对象，例如返回的对象 open()。
- ❑ 自定义输出。

❑ 实现缓冲区接口的可变对象。

其中最简单的是文件名。picamera 在如何处理文件方面功能非常强大，特别是在处理"特殊"文件时（比如管道、FIFO 等）。给出文件名后，picamera 会执行以下操作。

1）使用 wb 模式打开指定的文件，即二进制模式打开以文件进行写入。

2）使用大于正常的缓冲区大小打开文件，一般为 64KB。用大的缓冲区是因为在大多数将视频写入磁盘的应用中，这样能提高系统性能和系统负荷。

3）数据（捕获的图像、录制的视频等）写入打开的文件。

4）最后，刷新并关闭文件。注意，只有这样，picamera 才会关闭输出。

大多数情况下，将视频顺序写入文件能够正常运行，但是，如果通过 FIFO 将数据传输到另一个进程时，picamera 会把它当成文件，此时可能需要关闭缓冲。这时，可以自行打开输出而不进行缓冲。当输出完成时，手动关闭输出。例如：

```
import io
import os
import picamera

with picamera.PiCamera(resolution='VGA') as camera:
    os.mkfifo('video_fifo')
    f = io.open('video_fifo', 'wb', buffering=0)
    try:
        camera.start_recording(f, format='h264')
        camera.wait_recording(10)
        camera.stop_recording()
    finally:
        f.close()
        os.unlink('video_fifo')
```

6.2.4 Bayer-Raw 数据获取

Bayer 是相机内部的原始图片，一般后缀名为 .raw。capture() 函数的 bayer 参数可以让相机传感器记录 Bayer 数据。Bayer 数据是图像元数据的部分输出。

> 注意 bayer 参数只和 JPEG 格式兼容，只从静止端口捕获数据（静止端口即 use_video_port 值为默认的 false）。

Bayer-Raw 数据与简单的未编码捕获不一样，它是 GPU 处理（即自动白平衡、晕影补偿、平滑、缩小等）之前相机传感器记录的数据。

❑ 无论相机的输出 resolution 和 resize 参数是多少，Bayer 数据总是全分辨率。

❑ V1 型号，Bayer 数据占用输出文件的最后 6 404 096 字节，V2 型号占用最后的

10 270 208 字节。开头的 32 768 字节是字符串 BRCM 开头的头部数据。

- Bayer 数据由 10- 字节值构成，这就是 Pi 相机使用的 OV5647 ⊖和 IMX219 ⊜传感器的灵敏度。10- 字节值构成方式如下，首先是 4 行 8- 字节值，然后第 5 行是 4 个 2- 字节值，效果如图 6-5 所示。

Bytes \ Bits	8 (MSS)	7	6	5	4	3	2	1 (LSS)
1	10	9	8	7	6	5	4	3
2	10	9	8	7	6	5	4	3
3	10	9	8	7	6	5	4	3
4	10	9	8	7	6	5	4	3
5	2	1	2	1	2	1	2	1

图 6-5　10- 字节值构成方式示意图

- Bayer 数据以 BGGR 模式构成是 Bayer CFA 模式（更多内容请参见 https://en.wikipedia.org/wiki/Bayer_filter）的变体。所以，原始数据的绿色像素是红色以及蓝色的两倍，如果直接查看“原始”图像，就会很奇怪（太暗，太绿，直边都有锯齿），如图 6-6 所示。

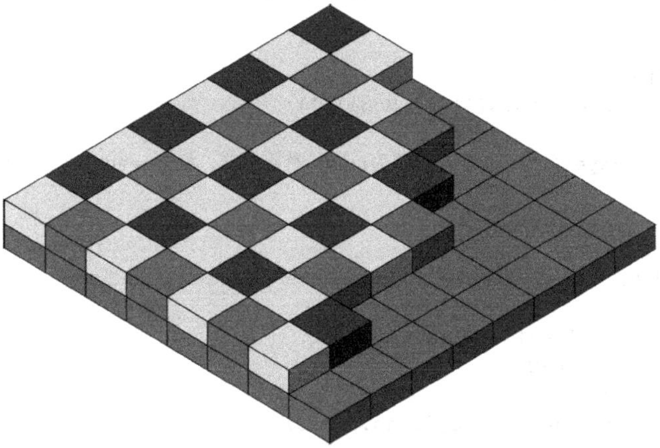

图 6-6　BGGR 模式构成方式示意图

- 要从原始 Bayer 数据转化为人眼能看的“正常”照片，需要进行色彩插值（更多详细介绍可参见 https://en.wikipedia.org/wiki/Demosaicing），甚至色彩平衡（更多详细介绍可参见 https://en.wikipedia.org/wiki/Color_balance）。

⊖　更多内容请参见 https://www.ovt.com/products/sensor.php?id=66。

⊜　更多内容请参见 https://www.sony-semicon.co.jp/www.sony-semicon.co.jp/errors/410_en.html。

下面的示例脚本用相机捕获包含原始Bayer数据的图像。然后，继续解压Bayer数据缩为原始RGB数据的3维numpy数组，最后使用加权平均值算法进行插值计算。numpy主要用于提高性能。所有捕获过程都是在CPU上运行的，这个过程比正常的图像捕获慢很多：

```
from __future__ import (
    unicode_literals,
    absolute_import,
    print_function,
    division,
    )


import io
import time
import picamera
import numpy as np
from numpy.lib.stride_tricks import as_strided

stream = io.BytesIO()
with picamera.PiCamera() as camera:
    # 相机预热2秒
    time.sleep(2)
    # 捕获图像，包括Bayer数据
    camera.capture(stream, format='jpeg', bayer=True)
    ver = {
        'RP_ov5647': 1,
        'RP_imx219': 2,
        }[camera.exif_tags['IFD0.Model']]

# 从流末尾提取原始Bayer数据，把数据转换为numpy数组之前，检查header并关闭如果是off状态

offset = {
    1: 6404096,
    2: 10270208,
    }[ver]
data = stream.getvalue()[-offset:]
assert data[:4] == 'BRCM'
data = data[32768:]
data = np.fromstring(data, dtype=np.uint8)


# V1型号，数据有1952行,每行3264个字节。
# 最后8行数据未使用（因为1944行的最大值分辨率向上取整到最接近的16的倍数）
# V2型号，数据有2480行，每行4128字节。
# 实际上有2464行数据，但传感器的原始大小为2466行，向上取整到最接近的16的倍数即是2480。
# 同样，每行的最后几个字节都没有使用。调整数据大小并去除未使用的字节。

reshape, crop = {
    1: ((1952, 3264), (1944, 3240)),
    2: ((2480, 4128), (2464, 4100)),
```

```
    }[ver]
data = data.reshape(reshape)[:crop[0], :crop[1]]

# 水平方向上，每行都由10-字节值构成：首先是4行8-字节值，然后第5行是4个2-字节值。ABCD的排列如下：
#
#  byte 1   byte 2   byte 3   byte 4   byte 5
# AAAAAAAA BBBBBBBB CCCCCCCC DDDDDDDD AABBCCDD
#
# 将数据转换为16-字节的数组，把所有字节左移2位，
# 然后解压每行的第5个byte的字节，去掉包含压缩字节的列


data = data.astype(np.uint16) << 2
for byte in range(4):
    data[:, byte::5] |= ((data[:, 4::5] >> ((4 - byte) * 2)) & 0b11)
data = np.delete(data, np.s_[4::5], 1)

# 把数据拆分为红绿蓝模式，OV5647传感器的Bayer模式是BGGR。
# 第一行是交替的绿、蓝色值，第二行是交替的红、绿色值：
#
# GBGBGBGBGBGBGB
# RGRGRGRGRGRGRG
# GBGBGBGBGBGBGB
# RGRGRGRGRGRGRG
#
# 注意，如果使用vflip或hflip更改捕获的方向，就要相应调换一下Bayer模式

rgb = np.zeros(data.shape + (3,), dtype=data.dtype)
rgb[1::2, 0::2, 0] = data[1::2, 0::2] # 红色
rgb[0::2, 0::2, 1] = data[0::2, 0::2] # 绿色
rgb[1::2, 1::2, 1] = data[1::2, 1::2] # 绿色
rgb[0::2, 1::2, 2] = data[0::2, 1::2] # 蓝色

# 现在，原始拜耳数据的值和颜色都正确了，但数据仍然需要色彩插值以及后续处理
# 下面展示一种简单的色彩插值法：扫描周围像素的加权平均值
# 得到的值就代表中间像素的Bayer过滤值

bayer = np.zeros(rgb.shape, dtype=np.uint8)
bayer[1::2, 0::2, 0] = 1 # Red
bayer[0::2, 0::2, 1] = 1 # Green
bayer[1::2, 1::2, 1] = 1 # Green
bayer[0::2, 1::2, 2] = 1 # Blue

# 分配一个数组和输入数据的形状相同输出数组。定义计算加权平均值（3×3）的window
# 然后，填充rgb和bayer数组，在数组边缘，通过添加空白像素来计算边缘像素的平均值。

output = np.empty(rgb.shape, dtype=rgb.dtype)
window = (3, 3)
borders = (window[0] - 1, window[1] - 1)
border = (borders[0] // 2, borders[1] // 2)

rgb = np.pad(rgb, [
```

```
    (border[0], border[0]),
    (border[1], border[1]),
    (0, 0),
    ], 'constant')
bayer = np.pad(bayer, [
    (border[0], border[0]),
    (border[1], border[1]),
    (0, 0),
    ], 'constant')

# RGB数据中的每个平面，用numpy的（as_strided）来构建3×3矩阵。
# 对bayer数组做同样的事情，然后爱因斯坦求和（np.sum更简单，但复制数据更慢），并除以结果得到加权平均值：

for plane in range(3):
    p = rgb[..., plane]
    b = bayer[..., plane]
    pview = as_strided(p, shape=(
        p.shape[0] - borders[0],
        p.shape[1] - borders[1]) + window, strides=p.strides * 2)
    bview = as_strided(b, shape=(
        b.shape[0] - borders[0],
        b.shape[1] - borders[1]) + window, strides=b.strides * 2)
    psum = np.einsum('ijkl->ij', pview)
    bsum = np.einsum('ijkl->ij', bview)
    output[..., plane] = psum // bsum


# 这时，输出应该就是一个比较“正常”的图片，但是还是不像相机的正常输出（因为缺少晕影补偿，AWB等）。
# 如果想在图像软件（如GIMP）中查看，需要将数据转换为8位RGB。 最简单的方法是将所有数据右移2位

output = (output >> 2).astype(np.uint8)
with open('image.data', 'wb') as f:
    output.tofile(f)
```

脚本的改进版（解决了由翻转和旋转引起的 Bayer 数据顺序不同的情况）也封装在 picamera.array 模块的 PiBayerArray 类中，如下：

```
import time
import picamera
import picamera.array
import numpy as np

with picamera.PiCamera() as camera:
    with picamera.array.PiBayerArray(camera) as stream:
        camera.capture(stream, 'jpeg', bayer=True)
        # 插值计算数据并写入输出（如果要跳过插值，使用stream.array即可）
        output = (stream.demosaic() >> 2).astype(np.uint8)
        with open('image.data', 'wb') as f:
            output.tofile(f)
```

6.3 树莓派相机的实际应用

本节，我们将使用几个实际示例讲解树莓派相机在现实场景中的应用，加深读者对相关内容的理解。

6.3.1 自定义输出：运动检测相机的代码实现

picamera 库中所有接收文件名的函数也接收类文件对象，用于接收实际文件对象或内存流（如 io.BytesIO）。但是，自定义输出在某些情况下非常有用，也非常简单。picamera 的类文件对象是一个带有 write 函数的对象，函数只接收由字节串组成的单参数，并且可以返回写入的字节数。对象可以执行一个 flush 函数（函数没有参数），并且在输出结束时调用。

自定义输出在视频录制时特别有用，因为对于每个输出帧，都至少会调用一次自定义输出的 write 函数，这样，对每个帧都可以编写相应代码，无须完全自定义编码器。但是，由于需要频繁调用 write 函数，所以在帧上的操作必须足够快，而不至于让编码器停止（如果不想掉帧，必须在下一帧写入之前执行代码并返回）。

如下代码所示，简单展示自定义输出，记录已写入字节数后丢掉输出，并在输出结束时打印：

```
import picamera

class MyOutput(object):
    def __init__(self):
        self.size = 0

    def write(self, s):
        self.size += len(s)

    def flush(self):
        print('%d bytes would have been written' % self.size)

with picamera.PiCamera() as camera:
    camera.resolution = (640, 480)
    camera.framerate = 60
    camera.start_recording(MyOutput(), format='h264')
    camera.wait_recording(10)
    camera.stop_recording()
```

以下示例展示如何使用自定义输出构建运动检测系统。构造一个自定义输出对象，作为运动矢量数据的目标（运动矢量数据总是整块一起，帧数据有时会分散为几个单独的块）。输出对象实际上并不写入运动数据，而是将数据加载到一个 numpy 数组中，并分析数组中是否有明显大的向量，如果有则在控制台打印输出，表示检测到运动。因为我们不需要在示例中保留实际视频输出，因此将 /dev/null 作为视频数据的目标：

```
from __future__ import division

import picamera
import numpy as np

motion_dtype = np.dtype([
    ('x', 'i1'),
    ('y', 'i1'),
    ('sad', 'u2'),
    ])
class MyMotionDetector(object):
    def __init__(self, camera):
        width, height = camera.resolution
        self.cols = (width + 15) // 16
        self.cols += 1 # 加一列
        self.rows = (height + 15) // 16

    def write(self, s):
        # 把运动数据从string中加载到numpy 数组
        data = np.fromstring(s, dtype=motion_dtype)
        # 调整数组大小并计算每个向量的维度
        data = data.reshape((self.rows, self.cols))
        data = np.sqrt(
            np.square(data['x'].astype(np.float)) +
            np.square(data['y'].astype(np.float))
            ).clip(0, 255).astype(np.uint8)
        # 向量大于60的帧超过10个，表明已检测到运动
        if (data > 60).sum() > 10:
            print('Motion detected!')
        # 假设写了s的所有字节
        return len(s)

with picamera.PiCamera() as camera:
    camera.resolution = (640, 480)
    camera.framerate = 30
    camera.start_recording(
        # 扔掉视频数据，但确保使用的是H.264
        '/dev/null', format='h264',
        # 记录运动数据到自定义输出对象
        motion_output=MyMotionDetector(camera)
        )
    camera.wait_recording(30)
    camera.stop_recording()
```

picamera.array 模块中的一些类自定义了输出，以便使用 numpy 分析数据。其中，PiMotionAnalysis 类可简化上面的代码：

```
import picamera
import picamera.array
import numpy as np

class MyMotionDetector(picamera.array.PiMotionAnalysis):
    def analyse(self, a):
        a = np.sqrt(
            np.square(a['x'].astype(np.float)) +
            np.square(a['y'].astype(np.float))
            ).clip(0, 255).astype(np.uint8)
        # 向量大于60的帧超过10个，表明已检测到运动
        if (a > 60).sum() > 10:
            print('Motion detected!')

with picamera.PiCamera() as camera:
    camera.resolution = (640, 480)
    camera.framerate = 30
    camera.start_recording(
        '/dev/null', format='h264',
        motion_output=MyMotionDetector(camera)
        )
    camera.wait_recording(30)
    camera.stop_recording()
```

6.3.2 循环视频流切割：行车记录仪碰撞预警功能

下面演示一个安全应用程序，PiCameraCircularIO 实例用于将最后几秒的视频记录在内存中。在录制视频时，采用基于视频端口的静态捕获来提供带输入的运动检测。一旦检测到运动，最后 10 秒的视频将被写入磁盘，视频录制将被分割到另一个磁盘文件，直到不再运动为止。一旦检测不到运动，就记录切割到内存的循环缓冲区：

```
import io
import random
import picamera
from PIL import Image

prior_image = None

def detect_motion(camera):
    global prior_image
    stream = io.BytesIO()
    camera.capture(stream, format='jpeg', use_video_port=True)
    stream.seek(0)
    if prior_image is None:
        prior_image = Image.open(stream)
        return False
    else:
        current_image = Image.open(stream)
        # 将current_image与prior_image进行比较以检测运动。
        # 留给读者练习！
```

```
        result = random.randint(0, 10) == 0
        # 完成运动检测后，将先前图像设为当前图像
        prior_image = current_image
        return result

with picamera.PiCamera() as camera:
    camera.resolution = (1280, 720)
    stream = picamera.PiCameraCircularIO(camera, seconds=10)
    camera.start_recording(stream, format='h264')
    try:
        while True:
            camera.wait_recording(1)
            if detect_motion(camera):
                print('Motion detected!')
                # 一旦检测到运动，就进行分割，分开以记录“运动后”的帧
                camera.split_recording('after.h264')
                # “运动前”的10秒也写入磁盘
                stream.copy_to('before.h264', seconds=10)
                stream.clear()
                # 等到不再检测到运动，然后将记录拆分到内存中的循环缓冲区
                while detect_motion(camera):
                    camera.wait_recording(1)
                print('Motion stopped!')
                camera.split_recording(stream)
    finally:
        camera.stop_recording()
```

示例还演示了如何使用 copy_to() 函数的 seconds 参数将 before 文件限制为只有 10 秒数据（假设循环缓冲区可包含的数据远远大于这个值）。

6.3.3 快速捕获和处理：连拍算法实现

用视频录制的 JPEG 编码器（use_video_port 来指定参数）可以非常快速地捕获一系列图像。但是，有几点需要注意。

- 只能捕获视频录制区域（如果基于视频端口的话），有时，捕获的图像区域可能比正常的图像捕获区域小。
- 通过视频端口捕获的 JPEG 图像没嵌入 Exif 信息。
- 使用这种方式捕获的图片看起来“更具颗粒感”。静止端口的捕获使用了更慢、更好的降噪算法。

所有捕获方法都支持 use_video_port，但快速捕获顺序帧的能力不同。虽然 capture() 和 capture_continuous() 都支持 use_video_port，但是 capture_sequence() 才是目前为止最快的方法（因为它不会在捕获之前将编码器都初始化一遍）。使用此方法，可以捕获 1024 × 768 分辨率 30fps 的 JPEG 图像。

默认情况下，capture_sequence() 特别适合快速捕获固定数量的帧，如下代码中连续捕获 5 张图像：

```
import time
import picamera

with picamera.PiCamera() as camera:
    camera.resolution = (1024, 768)
    camera.framerate = 30
    camera.start_preview()
    time.sleep(2)
    camera.capture_sequence([
        'image1.jpg',
        'image2.jpg',
        'image3.jpg',
        'image4.jpg',
        'image5.jpg',
        ], use_video_port=True)
```

不想手动指定每个文件名，可以使用表达式来批量生成文件名，如下修改源代码即可：

```
import time
import picamera

frames = 60

with picamera.PiCamera() as camera:
    camera.resolution = (1024, 768)
    camera.framerate = 30
    camera.start_preview()
    # 预热相机2秒
    time.sleep(2)
    start = time.time()
    camera.capture_sequence([
        'image%02d.jpg' % i
        for i in range(frames)
        ], use_video_port=True)
    finish = time.time()
print('Captured %d frames at %.2ffps' % (
    frames,
    frames / (finish - start)))
```

但是，这样做仍然需要指定帧数，不能捕获任意数量的帧。因此，需要使用生成器函数来给函数 capture_sequence() 提供文件名列表（或流）：

```
import time
import picamera

frames = 60

def filenames():
```

```
    frame = 0
    while frame < frames:
        yield 'image%02d.jpg' % frame
        frame += 1

with picamera.PiCamera(resolution='720p', framerate=30) as camera:
    camera.start_preview()
    # 预热相机2秒
    time.sleep(2)
    start = time.time()
    camera.capture_sequence(filenames(), use_video_port=True)
    finish = time.time()
print('Captured %d frames at %.2ffps' % (
    frames,
    frames / (finish - start)))
```

快速捕获的主要问题是树莓派的 I/O 带宽有限，然后，JPEG 的效率远低于 H.264 视频格式的效率（相同数量字节时，H.264 在相同数量的帧上质量更好）。在高分辨率（超过 800×600）时，相机在 30fps 下捕获照片到 Pi 的 SD 卡上，过不了多久 TF 卡就爆了。

如果在捕获后还要对帧执行处理，那么最好不要处理单个 JPEG 图像，而是只从生成的文件中捕获视频和解码帧。这就比较简单了，因为 JPEG 格式有魔法数字（更多内容可参见 https://en.wikipedia.org/wiki/Magic_number_(programming)#Magic_numbers_in_files）。可以通过检查每个缓冲区的前两个字节，从而使用自定义输出将帧从 MJPEG 视频中分离出来：

```
import io
import time
import picamera

class SplitFrames(object):
    def __init__(self):
        self.frame_num = 0
        self.output = None

    def write(self, buf):
        if buf.startswith(b'\xff\xd8'):
            # 开始新帧；关闭旧输出（如果有的话）并打开一个新输出
            if self.output:
                self.output.close()
            self.frame_num += 1
            self.output = io.open('image%02d.jpg' % self.frame_num, 'wb')
        self.output.write(buf)

with picamera.PiCamera(resolution='720p', framerate=30) as camera:
    camera.start_preview()
    # 相机预热2s
    time.sleep(2)
    output = SplitFrames()
    start = time.time()
    camera.start_recording(output, format='mjpeg')
```

```
    camera.wait_recording(2)
    camera.stop_recording()
    finish = time.time()
print('Captured %d frames at %.2ffps' % (
    output.frame_num,
    output.frame_num / (finish - start)))
```

将捕获的帧保存到磁盘。如果稍后使用其他脚本处理帧不会有问题，但是如果要在当前脚本中执行所有操作呢？需要注意的是，这时帧没有写入磁盘中，在流捕获进来时就需要设置并行线程池来接收和处理图像流：

```
import io
import time
import threading
import picamera

class ImageProcessor(threading.Thread):
    def __init__(self, owner):
        super(ImageProcessor, self).__init__()
        self.stream = io.BytesIO()
        self.event = threading.Event()
        self.terminated = False
        self.owner = owner
        self.start()

    def run(self):
        # 函数在单独的线程中跑
        while not self.terminated:
            # 等图像被写入流
            if self.event.wait(1):
                try:
                    self.stream.seek(0)
                    # 读取图像并在上面操作
                    #Image.open(self.stream)
                    #...
                    #...
                    # 如果想要终止，
                    #self.owner.done=True
                finally:
                    # 重置流
                    self.stream.seek(0)
                    self.stream.truncate()
                    self.event.clear()
                    # 返回可用线程池
                    with self.owner.lock:
                        self.owner.pool.append(self)

class ProcessOutput(object):
    def __init__(self):
        self.done = False
        # 构造一个包含4个图像处理器的池以及一个锁来控制线程之间的访问
        self.lock = threading.Lock()
```

```
            self.pool = [ImageProcessor(self) for i in range(4)]
            self.processor = None

        def write(self, buf):
            if buf.startswith(b'\xff\xd8'):
                # 新帧；设置当前处理器并获取备用处理器
                if self.processor:
                    self.processor.event.set()
                with self.lock:
                    if self.pool:
                        self.processor = self.pool.pop()
                    else:
                        # 没有处理器，必须跳过当前帧；输出一个警告信息，以便确认是否出现这种情况
                        self.processor = None
            if self.processor:
                self.processor.stream.write(buf)

        def flush(self):
            # 录制结束，进行刷新，有序关闭。把当前处理器添加回线程池中
            if self.processor:
                with self.lock:
                    self.pool.append(self.processor)
                    self.processor = None
            # 清空线程池，加入线程
            while True:
                with self.lock:
                    try:
                        proc = self.pool.pop()
                    except IndexError:
                        pass # 线程池为空
                proc.terminated = True
                proc.join()

with picamera.PiCamera(resolution='VGA') as camera:
    camera.start_preview()
    time.sleep(2)
    output = ProcessOutput()
    camera.start_recording(output, format='mjpeg')
    while not output.done:
        camera.wait_recording(1)
    camera.stop_recording()
```

6.3.4 录制未经编码的视频：颜色检测

未编码的 RGB 数据可以被捕获为图像，Pi 的相机模块也可以捕获未编码的 RGB（或 YUV）视频数据流。将这个和自定义输出中提供的方法（picamera.array 类）相结合，就可以生成快速颜色检测脚本：

```
import picamera
import numpy as np
```

```
from picamera.array import PiRGBAnalysis
from picamera.color import Color

class MyColorAnalyzer(PiRGBAnalysis):
    def __init__(self, camera):
        super(MyColorAnalyzer, self).__init__(camera)
        self.last_color = ''

    def analyze(self, a):
        # 转换中间像素的平均颜色
        c = Color(
            r=int(np.mean(a[30:60, 60:120, 0])),
            g=int(np.mean(a[30:60, 60:120, 1])),
            b=int(np.mean(a[30:60, 60:120, 2]))
            )
        # 将颜色转换为色调，饱和度，亮度
        h, l, s = c.hls
        c = 'none'
        if s > 1/3:
            if h > 8/9 or h < 1/36:
                c = 'red'
            elif 5/9 < h < 2/3:
                c = 'blue'
            elif 5/36 < h < 4/9:
                c = 'green'
        # 如果颜色已更改，更新显示
        if c != self.last_color:
            self.camera.annotate_text = c
            self.last_color = c

with picamera.PiCamera(resolution='160x90', framerate=24) as camera:
    # 固定相机的白平衡增益
    camera.awb_mode = 'off'
    camera.awb_gains = (1.4, 1.5)
    # 在要观察的地方画矩形框
    camera.start_preview(alpha=128)
    box = np.zeros((96, 160, 3), dtype=np.uint8)
    box[30:60, 60:120, :] = 0x80
    camera.add_overlay(memoryview(box), size=(160, 90), layer=3, alpha=64)
    # 分析输出并开始记录数据
    with MyColorAnalyzer(camera) as analyzer:
        camera.start_recording(analyzer, 'rgb')
        try:
            while True:
                camera.wait_recording(1)
        finally:
            camera.stop_recording()
```

6.3.5　快速捕获和流传输：网络流直播

我们可以将视频捕获技术与捕获到网络流相结合，并且服务器端脚本不会改变（这里并不关心使用什么捕获技术，只是线上读取 JPEG)。客户端脚本的更改很少，只需在调用 Truecapture_continuous() 时将 use_video_port 设置为 True：

```
import io
import socket
import struct
import time
import picamera

client_socket = socket.socket()
client_socket.connect(('my_server', 8000))
connection = client_socket.makefile('wb')
try:
    with picamera.PiCamera() as camera:
        camera.resolution = (640, 480)
        camera.framerate = 30
        time.sleep(2)
        start = time.time()
        count = 0
        stream = io.BytesIO()
        # 使用视频端口进行捕获
        for foo in camera.capture_continuous(stream, 'jpeg',
                                             use_video_port=True):
            connection.write(struct.pack('<L', stream.tell()))
            connection.flush()
            stream.seek(0)
            connection.write(stream.read())
            count += 1
            if time.time() - start > 30:
                break
            stream.seek(0)
            stream.truncate()
    connection.write(struct.pack('<L', 0))
finally:
    connection.close()
    client_socket.close()
    finish = time.time()
print('Sent %d images in %d seconds at %.2ffps' % (
    count, finish-start, count / (finish-start)))
```

这样，可以捕获 640×480 分辨率下 19fps 的流媒体：

```
import io
import socket
import struct
import time
import picamera

class SplitFrames(object):
    def __init__(self, connection):
        self.connection = connection
        self.stream = io.BytesIO()
```

```
        self.count = 0

    def write(self, buf):
        if buf.startswith(b'\xff\xd8'):
            # 开始新帧；先发送旧帧的长度然后发送数据
            size = self.stream.tell()
            if size > 0:
                self.connection.write(struct.pack('<L', size))
                self.connection.flush()
                self.stream.seek(0)
                self.connection.write(self.stream.read(size))
                self.count += 1
                self.stream.seek(0)
        self.stream.write(buf)

client_socket = socket.socket()
client_socket.connect(('my_server', 8000))
connection = client_socket.makefile('wb')
try:
    output = SplitFrames(connection)
    with picamera.PiCamera(resolution='VGA', framerate=30) as camera:
        time.sleep(2)
        start = time.time()
        camera.start_recording(output, format='mjpeg')
        camera.wait_recording(30)
        camera.stop_recording()
        # 将终止0长度写入连接，通知服务器已完成
        connection.write(struct.pack('<L', 0))
finally:
    connection.close()
    client_socket.close()
    finish = time.time()
print('Sent %d images in %d seconds at %.2ffps' % (
    output.count, finish-start, output.count / (finish-start)))
```

上面的脚本实现了 30fps。

6.3.6 网络流媒体：结合网页技术直播

网络流媒体传输视频非常复杂。在撰写本文时，还没有在所有平台、所有 Web 浏览器上都支持的视频标准。此外，HTTP 最初是设计为网页的一次性协议。自发明以来，为了适应这种特性，后续的各种应用（文件下载、恢复、流媒体等）不断增添了各种功能，但目前还没有视频流的“简单”方法。

如果你想要播放流媒体“真实”的视频格式（MPEG1)，下面展示了一种办法。但是，这里使用更简单的格式：MJPEG。以下脚本使用 Python 的内置 http.server 模块搭建简单的视频流服务器：

```
import io
import picamera
import logging
import socketserver
from threading import Condition
from http import server

PAGE="""\
<html>
<head>
<title>picamera MJPEG streaming demo</title>
</head>
<body>
<h1>PiCamera MJPEG Streaming Demo</h1>
<img src="stream.mjpg" width="640" height="480" />
</body>
</html>
"""

class StreamingOutput(object):
    def __init__(self):
        self.frame = None
        self.buffer = io.BytesIO()
        self.condition = Condition()

    def write(self, buf):
        if buf.startswith(b'\xff\xd8'):
            # 新帧，复制缓冲区的内容并通知所有客户端
            self.buffer.truncate()
            with self.condition:
                self.frame = self.buffer.getvalue()
                self.condition.notify_all()
            self.buffer.seek(0)
        return self.buffer.write(buf)

class StreamingHandler(server.BaseHTTPRequestHandler):
    def do_GET(self):
        if self.path == '/':
            self.send_response(301)
            self.send_header('Location', '/index.html')
            self.end_headers()
        elif self.path == '/index.html':
            content = PAGE.encode('utf-8')
            self.send_response(200)
            self.send_header('Content-Type', 'text/html')
            self.send_header('Content-Length', len(content))
            self.end_headers()
            self.wfile.write(content)
        elif self.path == '/stream.mjpg':
            self.send_response(200)
            self.send_header('Age', 0)
            self.send_header('Cache-Control', 'no-cache, private')
            self.send_header('Pragma', 'no-cache')
```

```
            self.send_header('Content-Type', 'multipart/x-mixed-replace;
                boundary=FRAME')
            self.end_headers()
            try:
                while True:
                    with output.condition:
                        output.condition.wait()
                        frame = output.frame
                    self.wfile.write(b'--FRAME\r\n')
                    self.send_header('Content-Type', 'image/jpeg')
                    self.send_header('Content-Length', len(frame))
                    self.end_headers()
                    self.wfile.write(frame)
                    self.wfile.write(b'\r\n')
            except Exception as e:
                logging.warning(
                    'Removed streaming client %s: %s',
                    self.client_address, str(e))
        else:
            self.send_error(404)
            self.end_headers()

class StreamingServer(socketserver.ThreadingMixIn, server.HTTPServer):
    allow_reuse_address = True
    daemon_threads = True

with picamera.PiCamera(resolution='640x480', framerate=24) as camera:
    output = StreamingOutput()
    camera.start_recording(output, format='mjpeg')
    try:
        address = ('', 8000)
        server = StreamingServer(address, StreamingHandler)
        server.serve_forever()
    finally:
        camera.stop_recording()
```

脚本运行后，用网络浏览器访问 http://your-pi-address:8000/ 查看视频流。

注意　脚本使用 Python 3.x 版本（在 Python 2.x 中，http.server 模块叫 SimpleHTTPServer）。

6.3.7　录制运动矢量数据：检测视频中的手势

如果相机 H.264 编码器在压缩视频时计算，Pi 相机就能够输出运动矢量。可以用 start_recording() 函数的 motion_output 参数将它们输出到单独的文件（或类文件对象）。函数接收表示文件名的字符串或类文件对象：

```
import picamera

with picamera.PiCamera() as camera:
```

```
camera.resolution = (640, 480)
camera.framerate = 30
camera.start_recording('motion.h264', motion_output='motion.data')
camera.wait_recording(10)
camera.stop_recording()
```

在宏块（更多内容请参见 https://en.wikipedia.org/wiki/Macroblock）级别计算运动数据（MPEG 宏块表示帧 16×16 的像素区域），并且增加额外的一列数据。如果相机的分辨率为 640×480（如上例所示），则将有（640÷16）+1=41 列，（480÷16）=30 行运动数据。

运动数据为 4 字节，由带符号的 1 字节 x 向量，带符号的 1 字节 y 向量和每个宏块的 2 字节无符号 SAD（绝对差值和）组成。因此，在上面的示例中，每个帧将生成 4920 个字节的运动数据（41×30×4）。假设数据包含 300 帧（实际上可能更多），运动数据总共有 1 476 000 字节。

以下代码可实现将运动数据加载到 3 维 numpy 数组中。第一个维度代表帧，第二个维度代表行，最后一个维度代表列。数组使用结构化数据类型，能够访问 x、y 和 SAD 值：

```
from __future__ import division

import numpy as np

width = 640
height = 480
cols = (width + 15) // 16
cols += 1 # 增加额外一列
rows = (height + 15) // 16

motion_data = np.fromfile(
    'motion.data', dtype=[
        ('x', 'i1'),
        ('y', 'i1'),
        ('sad', 'u2'),
        ])
frames = motion_data.shape[0] // (cols * rows)
motion_data = motion_data.reshape((frames, rows, cols))

# 访问第一帧的数据
motion_data[0]

# 访问第五帧的x向量
motion_data[4]['x']

# 访问第十帧的SAD值
motion_data[9]['sad']
```

可以通用毕达哥拉斯定理计算向量的大小[⊖]来简单计算向量所代表的运动量。SAD（绝

⊖ 更多内容请参见 https://en.wikipedia.org/wiki/Magnitude_%28mathematics%29#Euclidean_vector_space。

对差值之和⊖）值可用来衡量编码器的向量，表示原始参考帧的程度。

下面代码对上面的例子进行了扩展，使用 PIL 从每个帧的运动矢量产生 PNG 图像：

```
from __future__ import division

import numpy as np
from PIL import Image

width = 640
height = 480
cols = (width + 15) // 16
cols += 1
rows = (height + 15) // 16

m = np.fromfile(
    'motion.data', dtype=[
        ('x', 'i1'),
        ('y', 'i1'),
        ('sad', 'u2'),
        ])
frames = m.shape[0] // (cols * rows)
m = m.reshape((frames, rows, cols))

for frame in range(frames):
    data = np.sqrt(
        np.square(m[frame]['x'].astype(np.float)) +
        np.square(m[frame]['y'].astype(np.float))
        ).clip(0, 255).astype(np.uint8)
    img = Image.fromarray(data)
    filename = 'frame%03d.png' % frame
    print('Writing %s' % filename)
    img.save(filename)
```

picamera.array 模块中的 PiMotionArray 和 PiMotionAnalysis 类可以简化代码：

```
import numpy as np
import picamera
import picamera.array
from PIL import Image

with picamera.PiCamera() as camera:
    with picamera.array.PiMotionArray(camera) as stream:
        camera.resolution = (640, 480)
        camera.framerate = 30
        camera.start_recording('/dev/null', format='h264', motion_output=stream)
        camera.wait_recording(10)
        camera.stop_recording()
        for frame in range(stream.array.shape[0]):
            data = np.sqrt(
```

⊖ 更多内容可参见 https://en.wikipedia.org/wiki/Sum_of_absolute_differences。

```
            np.square(stream.array[frame]['x'].astype(np.float)) +
            np.square(stream.array[frame]['y'].astype(np.float))
            ).clip(0, 255).astype(np.uint8)
        img = Image.fromarray(data)
        filename = 'frame%03d.png' % frame
        print('Writing %s' % filename)
        img.save(filename)
```

以下代码用 ffmpeg 从生成的 PNG 生成动画（在 Pi 上要花很长时间，所以建议把图像传输到电脑上执行）：

```
avconv -r 30 -i frame%03d.png -filter:v scale=640:480 -c:v libx264 motion.mp4
```

最后，用一个手势检测系统，来演示运动矢量可以实现的功能：

```
import os
import numpy as np
import picamera
from picamera.array import PiMotionAnalysis

class GestureDetector(PiMotionAnalysis):
    QUEUE_SIZE = 10 # 要分析的连续帧数
    THRESHOLD = 4.0 # 任一轴所需的最小平均运动量

    def __init__(self, camera):
        super(GestureDetector, self).__init__(camera)
        self.x_queue = np.zeros(self.QUEUE_SIZE, dtype=np.float)
        self.y_queue = np.zeros(self.QUEUE_SIZE, dtype=np.float)
        self.last_move = ''

    def analyze(self, a):
        # 滚动队列并使用新均值覆盖第一个元素（相当于pop和append，但速度更快）
        self.x_queue[1:] = self.x_queue[:-1]
        self.y_queue[1:] = self.y_queue[:-1]
        self.x_queue[0] = a['x'].mean()
        self.y_queue[0] = a['y'].mean()
        # 计算x，y两个队列的平均值
        x_mean = self.x_queue.mean()
        y_mean = self.y_queue.mean()
        # 将左/上转换为-1，将右/下转换为1，将低于阈值的移动转换为0
        x_move = (
            '' if abs(x_mean) < self.THRESHOLD else
            'left' if x_mean < 0.0 else
            'right')
        y_move = (
            '' if abs(y_mean) < self.THRESHOLD else
            'down' if y_mean < 0.0 else
            'up')
        # 更新展示
        movement = ('%s %s' % (x_move, y_move)).strip()
        if movement != self.last_move:
            self.last_move = movement
```

```
            if movement:
                print(movement)

with picamera.PiCamera(resolution='VGA', framerate=24) as camera:
    with GestureDetector(camera) as detector:
        camera.start_recording(
            os.devnull, format='h264', motion_output=detector)
        try:
            while True:
                camera.wait_recording(1)
        finally:
            camera.stop_recording()
```

在相机的拍摄范围内，将手向上、向下、向左和向右移动，或者与相机平行移动，控制台上会显示相应方向。

6.4　常见错误集锦

本节整理了一些在实际应用中可能出现的常见错误，避免读者在实践中再次出现。

1. AttributeError:‘module’对象没有‘PiCamera’属性

如果你把脚本命名为 picamera.py（或者有其他命名为 picamera.py 的脚本），即运行脚本命名跟系统包或第三方软件包一样，则会干扰导入系统或第三方包。需要删除或重命名运行脚本（以及 .pyc 文件），然后重试。

2. 能否在窗口显示预览

不可以。相机模块的预览系统相当简陋：GPU 只能在 Pi 的视频输出上显示预览。预览和 X-Windows 环境隔离，没有交互（因此不需要登录授权，也可以用命令行开启预览）。

可以通过 preview 对象的 window 属性调整预览区域的大小和位置。如果程序可以响应窗口大小、位置调整，则可以将预览放在目标窗口内，实现窗口显示预览的效果。但是，目前无法做到在窗口上显示预览。

3. 开启预览后看不到控制台

由于预览只能在 Pi 视频输出上叠加。如果开启了预览，就可能看不到控制台，且开启后就无法撤销。如果非要撤销，可以盲打输入 stop_preview() 来调用隐藏了的控制台。但是，要显示控制台也可以通过按 Ctrl+D 终止 Python 进程（同时也会关闭相机）实现。

开启预览后，通常要把 start_preview() 函数的 alpha 参数设置为 128。这样，在显示预览时，窗口就是半透明的，就仍然能够看到控制台了。

4. PiTFT 屏上显示不了预览

相机的预览系统直接把 Pi 输出到 HDMI 或复合视频端口上。因此，预览不能与 PiTFT 等 GPIO 驱动的显示器同时运行。但是这个 Adafruit 触摸屏相机项目（项目地址为 https://learn.adafruit.com/diy-wifi-raspberry-pi-touch-cam/overview）通过快速捕获未编码的图像并在 PiTFT 上显示实现了预览的效果。

5. 相机模块供电要求

相机在 250mA（https://www.raspberrypi.org/help/faqs/#cameraPower）下运行。注意，只要创建 PiCamera 对象，相机就会运行（为了能够自动曝光，会启动隐藏的预览窗口）。如果使用电池运行 Pi，为了节能，不需要相机时应 close()（关闭）实例。以下代码可在一小时内捕获 60 张图像，但相机始终维持运行状态：

```
import picamera
import time

with picamera.PiCamera() as camera:
    camera.resolution = (1280, 720)
    time.sleep(1) # 相机预热时间
    for i, filename in enumerate(camera.capture_continuous('image{counter:02d}.jpg')):
        print('Captured %s' % filename)
        # 一分钟拍一张照片
        time.sleep(60)
        if i == 59:
            break
```

相比之下，下面这段代码会在不用镜头时关闭相机（但这就不能比较方便的 capture_continuous() 函数了）：

```
import picamera
import time

for i in range(60):
    with picamera.PiCamera() as camera:
        camera.resolution = (1280, 720)
        time.sleep(1) # 相机预热时间
        filename = 'image%02d.jpg' % i
        camera.capture(filename)
        print('Captured %s' % filename)
    # 一分钟拍一张照片
    time.sleep(59)
```

当相机启动后，遇到锁定或重新启动的情况，则表明电源电量可能不足。Pi 相机模块正常运行的最小电流是 1A，如果连接了其他设备，则可能需要更大的电流。

6. 相机可以和 USB 摄像头一起用吗

不能！ picamera 库依赖于 libmmal，这是只有 Pi 的相机才有的。

7. 多进程时相机锁定

相机固件一次只跑一个进程。用相机同时运行多个进程可能就会各种报错（甚至会锁死进程）。Python 的 multiprocessing 模块可以创建多个 Python 进程副本，通过 os.fork() 进行并行处理。虽然可以使用 picamera 的 multiprocessing，但是必须确保任何时候只有一个进程创建一个 PiCamera 实例。

以下脚本展示了摄像头占用一个进程，进程通过一个 Queue 将捕获的帧传给其他进程：

```
import os
import io
import time
import multiprocessing as mp
from queue import Empty
import picamera
from PIL import Image

class QueueOutput(object):
    def __init__(self, queue, finished):
        self.queue = queue
        self.finished = finished
        self.stream = io.BytesIO()

    def write(self, buf):
        if buf.startswith(b'\xff\xd8'):
            # 新帧，将上一帧的数据压入队列
            size = self.stream.tell()
            if size:
                self.stream.seek(0)
                self.queue.put(self.stream.read(size))
                self.stream.seek(0)
        self.stream.write(buf)

    def flush(self):
        self.queue.close()
        self.queue.join_thread()
        self.finished.set()

def do_capture(queue, finished):
    with picamera.PiCamera(resolution='VGA', framerate=30) as camera:
```

```
        output = QueueOutput(queue, finished)
        camera.start_recording(output, format='mjpeg')
        camera.wait_recording(10)
        camera.stop_recording()

def do_processing(queue, finished):
    while not finished.wait(0.1):
        try:
            stream = io.BytesIO(queue.get(False))
        except Empty:
            pass
        else:
            stream.seek(0)
            image = Image.open(stream)
            # 假设处理帧需要0.1秒；在四核Pi上最多可以处理40fps的输出
            time.sleep(0.1)
            print('%d: Processing image with size %dx%d' % (
                os.getpid(), image.size[0], image.size[1]))

if __name__ == '__main__':
    queue = mp.Queue()
    finished = mp.Event()
    capture_proc = mp.Process(target=do_capture, args=(queue, finished))
    processing_procs = [
        mp.Process(target=do_processing, args=(queue, finished))
        for i in range(4)
        ]
    for proc in processing_procs:
        proc.start()
    capture_proc.start()
    for proc in processing_procs:
        proc.join()
    capture_proc.join()
```

6.5 本章小结

上一章中我们介绍了使用树莓派自带的 picamera 库拍摄照片和视频，本章中我们介绍了如何捕获照片或视频的原始数据信息，并利用这些原始数据信息对其进行二次处理和加工，使其满足我们的需求以及实现特定的功能。有了这些原始数据之后，我们就可以使用 OpenCV 对其进行科学运算，实现更多、更加高阶的技巧和功能了。

第 7 章 Chapter 7

道路、商场人流统计

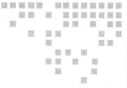

在本章中，我们将使用 OpenCV 和 Python 实现一个人群计数器。这个计数器能实时统计正在进入和走出画面的人数，可用于道路摄像头统计人流或商家统计客流量等场景，如图 7-1 所示。

图 7-1　进入和走出画面人数统计

我们将先行讨论人群计数器的原理，这会涉及目标检测算法与目标追踪算法的概念，以及形心追踪法的原理。之后将介绍如何用 Python 实现人群计数器，最后对代码进行功能测试。

7.1 原理解析

人群计数器本质上是对图像中“人”的识别与跟踪，在介绍接下来的内容之前，首先要了解目标检测与目标追踪这两个概念的主要区别。

7.1.1 目标检测与目标追踪

目标检测可以帮助我们在一帧图像中找到目标的位置。目标检测器一般会消耗较大的运算资源，时间复杂度较大，消耗的时间会比目标追踪算法多。典型的目标检测器有基于 Haar 特征的级联分类器、HOG + linear SVM、单点检测（Single Shot Detectors，SSDs）、Faster R-CNNs、YOLO 等机器学习和深度学习的方法。人群计数器的最终目的是追踪图像中“人”的移动。我们可以对每一帧图像都使用目标识别算法，相对准确地获取每一帧图像中人的位置，并根据一些特点（我们之后将会介绍的形心跟踪法）来将新图像与旧图像的目标进行匹配，借此实现追踪。但是频繁调用计算量较大的目标追踪器会消耗很多时间，实时性较差。

目标追踪器将第一帧图像中的某一个或多个区域视为目标，赋予独立的 ID，并在接下来的图像流中利用图像梯度法或光流法等方法，预测各个目标的新位置。典型的目标追踪算法有 MedianFlow、MOSSE、GOTURN、基于核的相关滤波器（KCF）等。显然，在使用目标追踪器时需要调用目标检测器来获取目标区域，目标追踪器相对目标检测器来说更加快速，此外，目标检测器能帮助我们获得更好的评估追踪结果。

为了实现一个高精度的人群计数器，我们将目标检测器与目标追踪器结合在一起使用，将整个目标追踪的过程分解成两个阶段，每经过 N 帧图像就会进入一次检测阶段，其余时间为追踪阶段。

1）检测：在检测阶段，我们调用时间复杂度较高的目标检测器，检测在追踪阶段期间有没有新进入和已经移动出画面的目标。对于检测阶段中检测到的每一个新目标，均使用一个追踪器来追踪。由于目标检测器消耗的时间多，每经过 N 帧图像就进入一次检测阶段。

2）追踪：检测阶段结束至下一次检测阶段开始前的这段时间为追踪阶段。对于每一个检测阶段识别到的目标，追踪器将会不断更新目标在视频流中的位置，直到下一次进入检测阶段重新创建追踪器。

将目标检测器与目标追踪器混合在一起使用的好处是既节约了时间，也保证了准确度。在后面的实现过程中，我们使用的目标检测器是 SSD，可以直接通过 OpenCV 的 dnn 相关函数调用。我们使用的目标追踪器是 dlib 库中的 correlation_tracker，即相关滤波器追踪法。由于方法原理较复杂，但是调用起来比较简单，所以在此不做过多的介绍。但是这两种方法在调用时都只返回目标的位置，我们还需要对目标进行匹配，确保每一个目标始终只有一个特定的 ID。为了实现这个目的，我们选用了形心追踪法。

7.1.2　形心追踪算法原理

形心追踪算法利用了当前图像中各个目标的形心与几帧后图像中各目标的形心之间的欧氏距离来实现追踪功能。所谓欧氏距离，我们可以简单理解为二维平面直角坐标系中两点的距离。这一算法包括以下几步。

1. 获取当前帧识别到的目标外接矩形参数，并计算形心

我们所使用的形心追踪算法的基础是代码的其他部分可以将目标外界矩形的位置参数传递过来。当获取到外界矩形的位置信息后，我们认为外接矩形的形心就是目标的形心，如图 7-2 所示。

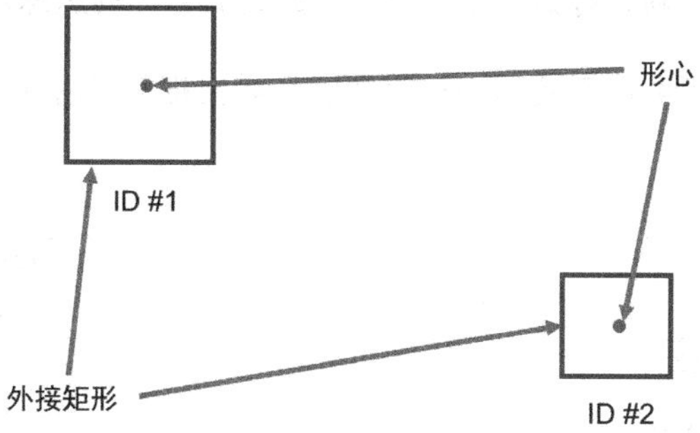

图 7-2　确定目标的形心

在获取到这些识别结果后，别忘了要对每一个目标单独编号。

2. 计算新图像中目标形心与原图像中目标形心的欧氏距离

对于视频图像流的每一帧图像，我们都执行第一步识别目标并计算形心的操作，但是我们不应该对它们再进行一次编号，这会打乱我们的追踪（比如原来的 1 号目标现在变成了 2 号目标）。如图 7-3 所示，我们首先应当看看哪些在新图像中识别到的目标（绿色标记）可以和我们之前的旧图像中的目标（蓝色标记）匹配到一起，如果可以即认为它们是同一个目标，只是位置变了。为了实现这一目的，我们需要计算新目标与所有旧目标的欧氏距离（如

图 7-3 中所示的箭头）。

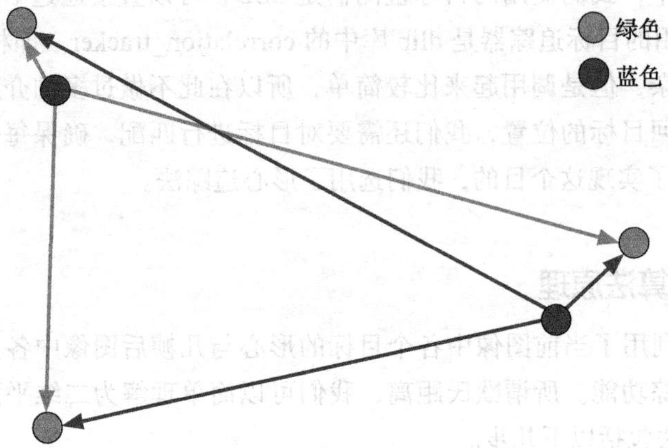

图 7-3　计算新目标与旧目标的欧氏距离

3. 根据欧氏距离匹配目标并更新目标位置

我们怎样通过新旧目标之间的距离来匹配目标呢？这里我们还要引入一个假设：假设所有目标在相邻帧的位移相对于各个目标之间的距离来说都是小量。根据这个假设，我们认为旧目标和与它最近的新目标是一个目标，借此完成目标的追踪。

如图 7-4 所示，我们可以看到形心追踪算法是如何把新目标（绿色标记）与旧目标（蓝色标记）匹配在一起的。

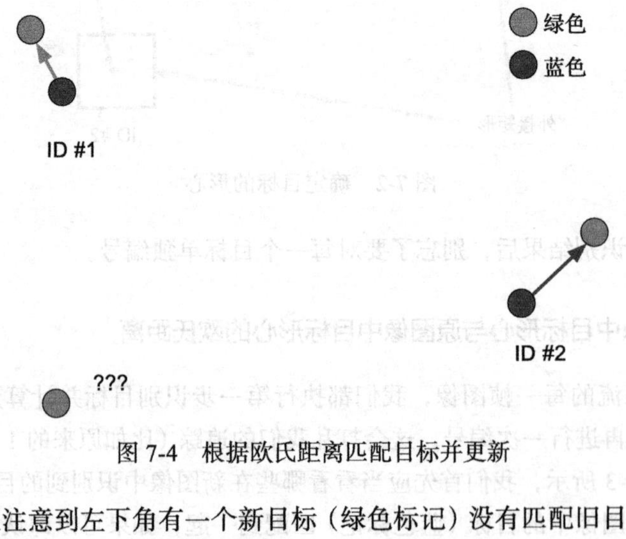

图 7-4　根据欧氏距离匹配目标并更新

此时，我们还注意到左下角有一个新目标（绿色标记）没有匹配旧目标，这样该怎么处理呢？

4. 注册新目标

当一个新目标没有办法通过形心追踪算法和旧目标匹配时，我们可以认为画面中出现了一个新目标（注意这里的新目标是真实出现了新目标，我们之前说的新目标是新图像中识别到的目标）。我们要将这个新目标注册到追踪列表中，这包含两步：

- 第 1 步，为这个目标赋予新的编号；
- 第 2 步，将它的形心坐标存储下来用于之后的形心追踪算法。

如图 7-5 所示，在画面中出现的新目标被标记为 #3。之后，这个新目标也将与其他已有的目标一样成为被追踪的对象，它们都将通过形心追踪算法被追踪。

图 7-5　注册新目标

5. 注销旧目标

当一个旧目标没有办法通过形心追踪算法和新目标匹配时，我们可以认为这个旧目标在刚刚读取图像的时间内移动出了边界或者突然消失了，在这种情况下，我们需要把这个编号的目标从追踪列表上注销。

当然，在处理这种情况时，我们可以不"残忍"地立即注销这个目标，而是留下一个时间裕量。比如，在接下来的 10 帧图像内如果还检测不到这个编号的目标，我们再注销它。

7.1.3　人群计数器原理

人群计数器的功能框架如图 7-6 所示，首先通过目标追踪器和目标检测器检测视频中的人，获取目标的位置信息，然后通过形心追踪器匹配目标与 ID，最后判断人的移动方向，实现计数。

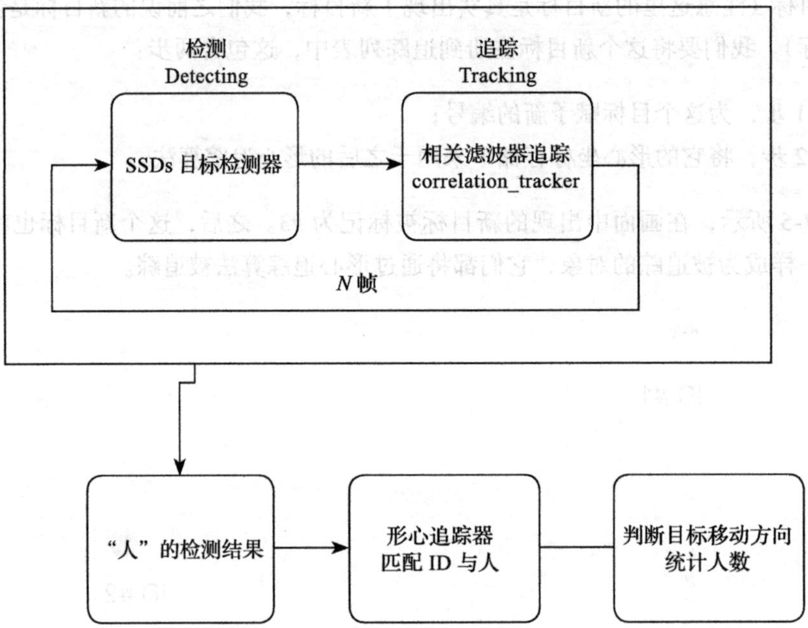

图 7-6　人群计数器原理示意图

7.2　软件环境准备

需要安装的软件包清单如下：

- OpenCV 3.3 或更高版本
- NumPy
- dlib
- imutils

1. 安装 OpenCV

安装 OpenCV 的过程就不赘述了，建议安装在虚拟环境中。

2. 安装 NumPy、dlib、imutils

有了 pip 工具以后，安装其他软件包也十分方便，只要切换到之前安装 OpenCV 的虚拟环境中直接使用 pip install 即可：

```
$ workon py3cv3
# 如果切换失败，请执行下列语句
$ source ~/.bashrc
$ workon py3cv3
$ pip install numpy dlib
$ pip install --upgrade imutils
```

至此，所有需要的软件包安装完成。

7.3　使用 Python 实现人群计数器

接下来我们来编写代码并准备相应的模型文件，将相应的功能进行实现。

7.3.1　目录结构

实现人群计数器所需的文件目录结构如下：

```
$ tree --dirsfirst
.
├── mobilenet_ssd
│   ├── MobileNetSSD_deploy.caffemodel
│   └── MobileNetSSD_deploy.prototxt
├── output
│   ├── output_01.avi
│   └── output_02.avi
├── peoplecounter
│   ├── centroidtracker.py
│   ├── __init__.py
│   └── trackableobject.py
├── videos
│   ├── example_01.mp4
│   └── example_02.mp4
└── people_counter.py

4 directories, 10 files
```

mobilenet_ssd 目录下存放了我们使用的目标检测器 MobileNet SSD 所需的 caffe 模型文件。peoplecounter 目录下存放了自定义的形心追踪器类的实现文件 centroidtracker.py 和追踪目标类的实现文件 trackableobject.py。videos 和 output 目录下分别存放了输入和输出的视频。people_counter.py 则是人群计数器的实现文件，也是本文的核心。

7.3.2　形心追踪器类 CentroidTracker 的实现

在 ./peoplecounter/centroidtracker.py 中，定义了形心追踪器类 CentroidTracker，这个类

包含了注册、注销等功能，用于形心追踪算法的实现。其源代码与解读如下：

```
#-*- coding: UTF-8 -*-
# 调用所需库
from scipy.spatial import distance as dist
from collections import OrderedDict
import numpy as np

class CentroidTracker():
    def __init__(self, maxDisappeared=50, maxDistance=50):
        # 初始化下一个新出现目标的ID
        # 初始化两个有序字典
        # objects用来储存ID和形心坐标
        # disappeared用来储存ID和对应目标已连续消失的帧数
        self.nextObjectID = 0
        self.objects = OrderedDict()
        self.disappeared = OrderedDict()

        # 设置最大连续消失帧数
        self.maxDisappeared = maxDisappeared

        # 设置相邻帧目标最大移动距离
        self.maxDistance = maxDistance

    def register(self, centroid):
        # 分别在两个字典中注册新目标，并更新下一个新出现目标的ID
        self.objects[self.nextObjectID] = centroid
        self.disappeared[self.nextObjectID] = 0
        self.nextObjectID += 1

    def deregister(self, objectID):
        # 分别在两个字典中注销已经消失的目标
        del self.objects[objectID]
        del self.disappeared[objectID]

    def update(self, rects):
        # 检查输入的目标外接矩形列表是否为空
        if len(rects) == 0:
            # 对每一个注册目标，标记一次消失
            for objectID in self.disappeared.keys():
                self.disappeared[objectID] += 1

                # 当连续消失帧数超过最大值时注销目标
                if self.disappeared[objectID] > self.maxDisappeared:
                    self.deregister(objectID)

            # 因为没有识别到目标，本次更新结束
            return self.objects

        # 对于当前帧，初始化外接矩形形心的存储矩阵
        inputCentroids = np.zeros((len(rects), 2), dtype="int")
```

```
        # 对于每一个矩形执行操作
        for (i, (startX, startY, endX, endY)) in enumerate(rects):
            # 计算形心
            cX = int((startX + endX) / 2.0)
            cY = int((startY + endY) / 2.0)
            inputCentroids[i] = (cX, cY)

        # 如果当前追踪列表为空，则说明这些矩形都是新目标，需要注册
        if len(self.objects) == 0:
            for i in range(0, len(inputCentroids)):
                self.register(inputCentroids[i])

        # 否则需要和旧目标进行匹配
        else:
            # 从字典中获取ID和对应形心坐标
            objectIDs = list(self.objects.keys())
            objectCentroids = list(self.objects.values())

            # 计算全部已有目标的形心与新图像中目标的形心的距离，用于匹配
            # 每一行代表一个旧目标形心与所有新目标形心的距离
            # 元素的行代表旧目标ID列代表新目标形心
            D = dist.cdist(np.array(objectCentroids), inputCentroids)

            # 接下来的两步用于匹配新目标和旧目标
            # min(axis=1)获得由每一行中的最小值组成的向量，代表了距离每一个旧目标最近的新目标的距离
            # argsort()将这些最小值进行排序，获得的是由相应索引值组成的向量
            # rows里存储的是旧目标的ID，排列顺序是按照最小距离从小到大排序
            rows = D.min(axis=1).argsort()

            # argmin(axis=1)获得每一行中的最小值的索引值，代表了距离每一个旧目标最近的新目标的ID
            # cols里存储的是新目标的ID按照rows排列
            cols = D.argmin(axis=1)[rows]

            # 为了防止重复更新、注册、注销，我们设置两个集合存储已经更新过的row和col
            usedRows = set()
            usedCols = set()

            # 对于所有(row,col)的组合执行操作
            for (row, col) in zip(rows, cols):
                # 如果row和col二者之一被检验过，就跳过
                if row in usedRows or col in usedCols:
                    continue

                # 如果新旧形心匹配的距离超过最大距离允许值，则不认为它们是一个目标
                if D[row, col] > self.maxDistance:
                    continue

                # 更新已经匹配的目标
                objectID = objectIDs[row]
                self.objects[objectID] = inputCentroids[col]
                self.disappeared[objectID] = 0

```

```
103                 # 更新以后将索引放入已更新的集合
104                 usedRows.add(row)
105                 usedCols.add(col)
106
107             # 计算未参与更新的row和col
108             unusedRows = set(range(0, D.shape[0])).difference(usedRows)
109             unusedCols = set(range(0, D.shape[1])).difference(usedCols)
110
111             # 如果距离矩阵行数大于列数，说明旧目标数大于新目标数
112             # 有一些目标在这帧图像中消失了
113             if D.shape[0] >= D.shape[1]:
114                 # 对于没有用到的旧目标索引
115                 for row in unusedRows:
116                     # 获取它的ID连续消失帧数+1
117                     objectID = objectIDs[row]
118                     self.disappeared[objectID] += 1
119
120                     # 检查连续消失帧数是否大于最大允许值，若是则注销
121                     if self.disappeared[objectID] > self.maxDisappeared:
122                         self.deregister(objectID)
123
124             # 如果距离矩阵列数大于行数，说明新目标数大于旧目标数
125             # 有一些新目标出现在了视频中，需要进行注册
126             else:
127                 for col in unusedCols:
128                     self.register(inputCentroids[col])
129
130         # 返回追踪列表
131         return self.objects
```

在 CentroidTracker 类中，有 4 个成员函数，具体分析如下。

1. __init__

第 8 行：__init__ 构造函数接收 2 个参数。maxDisappeared 是目标的最大连续消失帧数，当一个在跟踪列表中的目标“失踪”帧数超过这个值时，这个目标需要被注销。maxDistance 是相邻帧目标的移动距离，即距离旧目标最近的新目标如果超过了这个距离，那么这是不符合假设的，不能匹配。

第 13 行：初始化编号，nextObjectID 是编号计数器，每识别到一个目标，这个编号加 1。

第 14 ~ 15 行：初始化两个有序字典。objects 中存储的是目标 ID 和形心坐标，disappeared 中存储的是目标 ID 和该目标已经连续消失的帧数。

第 18 行：设置最大连续消失帧数。

第 21 行：设置相邻帧目标最大移动距离。

2. register

第 23 行：register 接收 1 个参数 centroid，是新识别到的目标形心坐标。

第 25 ~ 26 行：在两个有序字典中注册新目标的信息。

第 27 行：更新编号计数器。

3. deregister

第 29 行：deregister 接收 1 个参数 objectID，是被认为消失的目标编号。

第 31 ~ 32 行：在两个字典中注销被认为消失的目标。

4. update

这是形心追踪算法的实现部分。

第 34 行：update 接收 1 个参数 rects，是当前帧中识别到的目标的外接矩形列表。

第 37 ~ 47 行：检查输入的外接矩形列表是否为空，若为空，则对所有注册的目标记一次消失，即连续消失帧数加 1，并检验其连续小时帧数是否超过最大值，若超过，则注销对应目标。由于这一帧图像中未识别到目标，无须做新旧目标的匹配，直接返回跟踪列表即可。

第 49 行：对于当前帧，初始化外接矩形形心的存储矩阵，每一行存储的是一个形心坐标。

第 52 ~ 57 行：对于每一个外接矩形计算形心并存储到 inputCentroid。

第 59 ~ 61 行：如果当前追踪列表为空，则说明这些矩形都是新目标，需要注册。

第 66 ~ 67 行：从字典中读取 ID 和对应形心坐标，建立两个 list。

第 72 行：计算全部已有目标的形心与新图像中目标的形心的距离，用于下一步的匹配。计算结果 D 中的每一行代表一个旧目标形心与所有新目标形心的距离，元素的行代表旧目标 ID，列代表新目标 ID。

第 78 行：第 75 行和第 79 行用于匹配新旧目标。D.min(axis=1) 获得由 D 每一行中的最小值组成的向量，代表了距离每一个旧目标最近的新目标的距离。.argsort() 将这些最小值进行排序，获得由相应索引值组成的向量。最终，rows 里存储的是旧目标的 ID，排列顺序是按照“最小距离”从小到大排序。

第 82 行：D.argmin(axis=1) 获得每一行中的最小值的索引值，代表了距离每一个旧目标最近的新目标的 ID。最终，cols 里存储的是新目标的 ID，按照 rows 排列。

注意　第 78 行和第 82 行是整段代码中比较难理解的部分，如果理解有困难的话，请打开终端跟着教程做一些实验：

```
1 >>> from scipy.spatial import distance as dist
2 >>> import numpy as np
3 >>> np.random.seed(42)
4 >>> objectCentroids = np.random.uniform(size=(2, 2))
5 >>> centroids = np.random.uniform(size=(3, 2))
6 >>> D = dist.cdist(objectCentroids, centroids)
7 >>> D
8 array([[0.82421549, 0.32755369, 0.33198071],
9      [0.72642889, 0.72506609, 0.17058938]])
```

在这段代码中，我们随机生成了 2 个旧形心（第 4 行）和 3 个旧形心（第 5 行），并计算它们之间的欧氏距离（第 6 行）。计算结果 D 中的每一行代表一个旧目标形心与所有新目标形心的距离，元素的行代表旧目标 ID，列代表新目标 ID。

```
10    >>> D.min(axis=1)
11    array([0.32755369, 0.17058938])
12    >>> rows = D.min(axis=1).argsort()
13    >>> rows
14    array([1, 0])
```

第 10 行获取了每一行中的最小值，让我们找到和每一个旧目标距离最近的新目标的距离。第 12 行把这些距离按照从小到大的顺序排序，返回的是索引值，这个索引值来自于 D 的行数，即旧目标的 ID。

```
15    >>> D.argmin(axis=1)
16    array([1, 2])
17    >>> cols = D.argmin(axis=1)[rows]
18    >>> cols
19    array([2, 1])
```

第 15 行获取了每一行中最小值的对应索引，即和该行旧目标匹配的新目标 ID，为了和 rows 匹配，在第 17 行将它们按照 rows 排序。

```
20     >>> print(list(zip(rows, cols)))
21    [(1, 2), (0, 1)]
```

这两行代码输出了匹配结果，结合第 21 行的结果和第 8 ~ 9 行 D 的数据，可以验证结果的正确性。索引从 0 开始，第 1 行中第 2 号元素最小，即 1 号旧目标与 2 号新目标匹配。第 0 行中第 1 号元素最小，即 0 号旧目标与 1 号新目标匹配。

第 85 ~ 86 行：为了防止重复更新、注册、注销等操作，设置两个集合存储已经更新过的 row 和 col。

第 89 ~ 101 行：对所有（row, col）进行相应操作，如果 row 和 col 其中之一被使用过则跳过，如果新旧形心匹配的距离超过最大距离允许值，则不认为它们是一个目标，也跳过。对跟踪列表中的所有目标，更新它们的形心坐标，并将连续消失帧数置零。操作完毕后将 row 和 col 放入集合并标记为“已使用”。

第 109 ~ 118 行：如果距离矩阵行数大于列数，说明旧目标数大于新目标数，即有一些目标在这帧图像中消失了。对于没有用到的旧目标索引，获取它的 ID，使其连续消失帧数 +1，并检查连续消失帧数是否大于最大允许值，若是则注销。

第 122 ~ 124 行：如果距离矩阵列数大于行数，说明新目标数大于旧目标数，即有一些新目标出现在了视频中，需要进行注册。

第 127 行：返回注册列表，这与第 46 行是对应的。

7.3.3　追踪目标类 TrackableObject 的实现

在 ./peoplecounter/trackableobject.py 中定义了追踪目标类 TrackableObject，这个类主要用于计数操作。其源代码与注释如下：

```
#-*- coding: UTF-8 -*-
class TrackableObject:
    def __init__(self, objectID, centroid):
        # 存储目标ID
        self.objectID = objectID

        # 形心列表，存储在整个过程中该目标所有的形心位置
        self.centroids = [centroid]

        # 是否被计数器统计过的布尔量
        self.counted = False
```

每一个识别到的目标都将被创建一个 TrackableObject 类，objectID 存储了该目标的特有编号。centroids 是该目标在整个过程中所有的形心位置，用于之后判断目标移动方向。counted 是一个布尔量，用于记录该目标有没有被计数器统计过。

7.3.4　人群计数器的实现

在 ./people_counter.py 中实现了人群计数器，其代码与解读如下：

```
#-*- coding: UTF-8 -*-
# 用法
# To read and write back out to video:
# python people_counter.py --prototxt mobilenet_ssd/MobileNetSSD_deploy.prototxt \
#     --model mobilenet_ssd/MobileNetSSD_deploy.caffemodel --input videos/
    example_01.mp4 \
#   --output output/output_01.avi
#
# To read from webcam and write back out to disk:
# python people_counter.py --prototxt mobilenet_ssd/MobileNetSSD_deploy.prototxt \
#   --model mobilenet_ssd/MobileNetSSD_deploy.caffemodel \
#   --output output/webcam_output.avi

```

```
# 调用必需库
from peoplecounter.centroidtracker import CentroidTracker
from peoplecounter.trackableobject import TrackableObject
from imutils.video import VideoStream
from imutils.video import FPS
import numpy as np
import argparse
import imutils
import time
import dlib
import cv2

# 设置命令行参数
ap = argparse.ArgumentParser()
ap.add_argument("-p", "--prototxt", required=True,
    help="path to Caffe 'deploy' prototxt file")
ap.add_argument("-m", "--model", required=True,
    help="path to Caffe pre-trained model")
ap.add_argument("-i", "--input", type=str,
    help="path to optional input video file")
ap.add_argument("-o", "--output", type=str,
    help="path to optional output video file")
ap.add_argument("-c", "--confidence", type=float, default=0.4,
    help="minimum probability to filter weak detections")
ap.add_argument("-s", "--skip-frames", type=int, default=30,
    help="# of skip frames between detections")
args = vars(ap.parse_args())

# 初始化MobileNet SSD可以识别的种类清单
CLASSES = ["background", "aeroplane", "bicycle", "bird", "boat",
    "bottle", "bus", "car", "cat", "chair", "cow", "diningtable",
    "dog", "horse", "motorbike", "person", "pottedplant", "sheep",
    "sofa", "train", "tvmonitor"]

# 加载模型
print("[INFO] loading model...")
net = cv2.dnn.readNetFromCaffe(args["prototxt"], args["model"])

# 如果参数中没有本地视频路径，则加载摄像头图像
if not args.get("input", False):
    print("[INFO] starting video stream...")
    vs = VideoStream(src=0).start()
    time.sleep(2.0)

# 如果提供了本地视频路径，则加载本地视频
else:
    print("[INFO] opening video file...")
    vs = cv2.VideoCapture(args["input"])

# initialize the video writer (we'll instantiate later if need be)
writer = None

# 初始化图像帧的高度与宽度（后面将在读取第一帧图像的时候赋值）
```

```
W = None
H = None

# 初始化形心追踪器、相关滤波追踪器、存储物体与编号的字典
ct = CentroidTracker(maxDisappeared=40, maxDistance=50)
trackers = []
trackableObjects = {}

# 初始化总帧数、向下移动的总人数、向上移动的总人数
totalFrames = 0
totalDown = 0
totalUp = 0

# 启动帧数计数器
fps = FPS().start()

# 对视频流中的图像循环
while True:
    # 抓取下一帧，并根据视频流的来源调整
    frame = vs.read()
    frame = frame[1] if args.get("input", False) else frame

    # 如果是从本地文件读取视频流，当视频结束时退出循环
    if args["input"] is not None and frame is None:
        break

    # 缩放图像到宽度为500像素，并由OpenCV的BGR格式转为适用于dlib的dlib
    frame = imutils.resize(frame, width=500)
    rgb = cv2.cvtColor(frame, cv2.COLOR_BGR2RGB)

    # 如果图像帧的高度和宽度是空（初始值），则赋值
    if W is None or H is None:
        (H, W) = frame.shape[:2]

    #  如果需要存储结果视频，初始化写入器
    if args["output"] is not None and writer is None:
        fourcc = cv2.VideoWriter_fourcc(*"MJPG")
        writer = cv2.VideoWriter(args["output"], fourcc, 30,
            (W, H), True)

    #  初始化计数器状态以及物体外接矩形框
    status = "Waiting"
    rects = []

    # 检查是否需要调用较为耗时的物体检测器，即每隔skip_frames帧执行一次
    if totalFrames % args["skip_frames"] == 0:
        # 更新状态，并重新初始化跟踪集合
        status = "Detecting"
        trackers = []

        # 将图像帧转化为blob并在深度学习的网络中前向传递获得检测结果
        blob = cv2.dnn.blobFromImage(frame, 0.007843, (W, H), 127.5)
        net.setInput(blob)
```

```
    detections = net.forward()

    # 对检测结果进行循环
    for i in np.arange(0, detections.shape[2]):
        # 获取当前结果的置信度
        confidence = detections[0, 0, i, 2]

        # 滤去置信度为达到阈值的结果
        if confidence > args["confidence"]:
            # 获取当前结果的类别代号
            idx = int(detections[0, 0, i, 1])

            # 如果不是“人”，则滤去结果
            if CLASSES[idx] != "person":
                continue

            # 获取识别结果的外接矩形框
            box = detections[0, 0, i, 3:7] * np.array([W, H, W, H])
            (startX, startY, endX, endY) = box.astype("int")

            # 启动一个dlib模块下的相关追踪器，对当前图像的rect区域进行追踪
            tracker = dlib.correlation_tracker()
            rect = dlib.rectangle(startX, startY, endX, endY)
            tracker.start_track(rgb, rect)

            # 将tracker添加进入列表，列表存储了多个追踪目标
            trackers.append(tracker)

# 如果不是需要调用目标检测器的帧，那么应当调用目标追踪算法
else:

    # 对追踪目标列表中的目标进行循环
    for tracker in trackers:
        #更改计数器状态
        status = "Tracking"

        # 更新当前图像中的目标位置，并获取新位置
        tracker.update(rgb)
        pos = tracker.get_position()

        # 解析坐标
        startX = int(pos.left())
        startY = int(pos.top())
        endX = int(pos.right())
        endY = int(pos.bottom())

        # 将新获取的外接矩形坐标加入外接边框列表
        rects.append((startX, startY, endX, endY))

# 在画面中央绘制一条水平线，通过人穿越这条线来判别移动方向
cv2.line(frame, (0, H // 2), (W, H // 2), (0, 255, 255), 2)
# 调用形心追踪器匹配新旧形心的ID
```

```
objects = ct.update(rects)

# 对objects中的跟踪目标ID进行循环，判断移动方向
for (objectID, centroid) in objects.items():
    # 根据ID在字典中获取对应的跟踪目标
    to = trackableObjects.get(objectID, None)

    # 如果没有对应的目标，说明这是一个新进入图像的目标，则新建一个
    if to is None:
        to = TrackableObject(objectID, centroid)

    # 如果ID存在对应的目标
    else:
        # 计算当前y坐标与之前y坐标的平均数的偏差，如果差值为负代表向上移动，反之向下
        y = [c[1] for c in to.centroids]
        direction = centroid[1] - np.mean(y)

        # 将目标当前形心添加至该目标的形心序列中
        to.centroids.append(centroid)

        # 如果该目标没有被计算过
        if not to.counted:
            # 如果direction为负，代表目标向上移动跨越中线
            if direction < 0 and centroid[1] < H // 2:
                totalUp += 1
                to.counted = True

            # 如果direction为正，代表目标向下移动跨越中线
            elif direction > 0 and centroid[1] > H // 2:
                totalDown += 1
                to.counted = True

    # 当前目标经过更新后重新存储在对应ID下
    trackableObjects[objectID] = to

    # 在输出帧上绘制形心和ID
    text = "ID {}".format(objectID)
    cv2.putText(frame, text, (centroid[0] - 10, centroid[1] - 10),
        cv2.FONT_HERSHEY_SIMPLEX, 0.5, (0, 255, 0), 2)
    cv2.circle(frame, (centroid[0], centroid[1]), 4, (0, 255, 0), -1)

# 建立一个显示计数器结果信息的tuple
info = [
    ("Up", totalUp),
    ("Down", totalDown),
    ("Status", status),
]

# 将信息输出在输出帧上
for (i, (k, v)) in enumerate(info):
    text = "{}: {}".format(k, v)
    cv2.putText(frame, text, (10, H - ((i * 20) + 20)),
        cv2.FONT_HERSHEY_SIMPLEX, 0.6, (0, 0, 255), 2)
```

```
225
226     # 将当前帧写入硬盘
227     if writer is not None:
228         writer.write(frame)
229
230     # 显示当前帧
231     cv2.imshow("Frame", frame)
232     key = cv2.waitKey(1) & 0xFF
233
234     # 如果按下q键则退出循环
235     if key == ord("q"):
236         break
237
238     # 总帧数+1 并更新帧数计数器
239     totalFrames += 1
240     fps.update()
241
242 # 停止帧数计数器并展示相关信息
243 fps.stop()
244 print("[INFO] elapsed time: {:.2f}".format(fps.elapsed()))
245 print("[INFO] approx. FPS: {:.2f}".format(fps.fps()))
246
247 # 释放视频写入指针
248 if writer is not None:
249     writer.release()
250
251 # 释放摄像头读取指针
252 if not args.get("input", False):
253     vs.stop()
254
255 # 释放视频文件读取指针
256 else:
257     vs.release()
258
259 # 关闭窗口
260 cv2.destroyAllWindows()
```

分析上述代码，具体说明如下。

第 14 ~ 23 行：调用必需模块。

- peoplecounter：调用自定义的形心追踪器类和追踪目标类。
- imutils.video：便于调用摄像头图像流和帧率计数器。
- imutils：便于处理图像。
- dlib：调用相关滤波器追踪方法。
- cv2：OpenCV 的 python 库，我们将使用它的深度学习接口、读写文件功能以及图像显示功能。

第 26 ~ 39 行：设置 6 个命令行参数。

- --prototxt：caffe 测试文件路径。
- --model：训练好的 caffe 模型文件路径。
- --input：（可选）本地视频文件路径，如果没有该参数，则打开摄像头。
- --output：（可选）输出视频路径，如果没有该参数，则结果视频将不被记录。
- --confidence：识别结果的最小置信度，默认值为 0.4。
- --skip-frames：检测阶段之间相隔的帧数，默认值为 30。

第 42 行：初始化 SSD 目标检测器可检测的目标类别列表 CLASSES。

第 48 ~ 49 行：加载训练好的 SSD 模型。

第 51 ~ 60 行：如果设置了 --input 参数，则根据文件路径打开本地视频文件，开启图像流。反之，打开摄像头并开启图像流。

第 62 ~ 80 行：初始化一些变量。

- writer：Python 中的视频写入器，用于之后向硬盘写入结果视频。
- W&H：图像帧的尺寸，写入结果视频时需要这两个参数。
- ct：形心追踪器类 CentroidTracker 的实例对象。
- trackers：列表，存储为每一个目标建立的相关滤波追踪器。
- trackableObjects：字典，存储了从 ID 到每一个 trackableObject 的映射。
- totalFrames：到目前为止的总帧数。
- totalUp&totalDown：人群计数器的结果，即向上移动与向下移动的总人数。
- fps：帧率计数器。

第 83 行：对视频流进行循环。

第 85 ~ 90 行：根据视频流的来源读取当前帧。如果视频流来源于本地视频文件，在文件结束时关闭视频流。

第 93 ~ 94 行：缩放图像至宽度为 500 像素，并将图像由 OpenCV 的 BGR 格式转为适于 dlib 处理的 RGB 格式。

第 97 ~ 98 行：如果 W&H 为空，则根据第一帧图像的尺寸确定。

第 101 ~ 104 行：如果需要保存结果视频，则实例化视频写入器 writer。

第 107 行：初始化人群计数器状态 status，一共有 3 种状态。

- Waiting：该状态下，画面中没有人，计数器等待目标出现。
- Detecting：该状态下，计数器处在探测阶段，调用目标探测器 SSD。
- Tracking：该状态下，计数器处在跟踪阶段，调用目标跟踪器，统计向上移动和向下移动的人数。

第 108 行：rects 存储了目标的外接矩形框，在每一帧中都会被更新，来源于目标探测器或者目标追踪器的结果。

第 111 行：如果当前总帧数是 skip_frames 的倍数，说明应当进入探测阶段。

第 113 ～ 114 行：更改人群计数器状态为 Detecting 并将跟踪器列表重置。

第 117 ～ 119 行：调用目标检测器，将图像帧转化为 blob 并在深度学习的网络中前向传递获得检测结果。

第 122 行：对于检测器的结果进行循环。

第 123 ～ 133 行：筛选掉置信度不足以及种类不是 person 的结果。

第 136 ～ 137 行：获取符合要求的结果的外接矩形框。

第 140 ～ 142 行：调用 dlib 库里的 correlation_tracker，为每一个识别结果建立一个追踪器，并将刚刚获取的目标外接矩形框作为跟踪目标。

第 145 行：将追踪器添加到追踪器列表，便于在追踪阶段使用。

第 148 行：如果当前总帧数不是 skip_frames 的倍数，说明应当进入跟踪阶段。

第 151 行：对追踪器列表 trackers 中的每一个追踪器进行循环。

第 153 行：更改人群计数器状态为 Tracking。

第 156 ～ 157 行：命令跟踪器针对当前帧进行更新，并获取当前帧中目标的位置（即跟踪结果）。

第 160 ～ 166 行：解析跟踪结果数据，并添加到外接矩形框列表中。

第 169 行：在图像中央画一条水平横线。

第 172 行：之前我们使用目标探测器和目标追踪器获得了目标的位置 rects，调用形心追踪器对目标和 ID 进行匹配，匹配结果存放在 objects 字典中。

第 175 行：对 objects 中的结果进行循环，来判断目标的移动方向。这一阶段将使用之前定义的 trackableObjects。

第 177 行：根据目标的 ID 在 trackableObjects 获取目标。

第 180 ～ 181 行：如果没有查找到对应的 ID，则新建一个 trackableObject。

第 184 ～ 190 行：如果查找到对应 ID，则计算当前目标的移动方向。计算方向的依据是当前目标形心的 y 坐标值与之前帧中该目标所有记录的形心的 y 坐标值的平均值的差，差值为负代表向上移动，差值为正代表向下移动。为什么要使用之前所有形心的平均值呢？因为探测器与追踪器的结果不是特别稳定，总会与真实值有一些偏差，之前获得的目标形心不一定总是目标真实形心，所以用平均值来计算更加可靠。

第 192 ～ 202 行：如果该目标没有被计数过，则根据差值的正负号对移动方向进行判定。

第 205 行：当前目标经过更新后重新存储在对应 ID 下。

第 208 ～ 211 行：在目标形心附近标注形心与 ID。

第 214 ～ 224 行：显示计数器的统计结果与状态信息。

第 226 ～ 260 行：存储视频、释放指针、关闭窗口。

7.3.5　树莓派人群计数器测试

将树莓派放置在较高处的横杆上，打开终端，在对应目录下输入命令：

```
$ python people_counter.py --prototxt mobilenet_ssd/MobileNetSSD_deploy.prototxt \
    --model mobilenet_ssd/MobileNetSSD_deploy.caffemodel \
    --input videos/example_01.mp4 --output output/output_01.avi
```

捕获页面数据如图 7-7 所示。

图 7-7　捕获结果示意

可以看到，这个人群计数器正在统计画面中向上移动和向下移动的人群，在 17s 的测试视频中，有 7 人向下，3 人向上，如果这是一家商场大门的监控摄像头，是不是可以很方便地统计出今天的客流量呢？

7.4　本章小结

在本章中，我们首先介绍了人群计数器的原理，阐述了目标检测算法与目标追踪的概念，以及形心追踪算法的原理，然后使用 Python 和 OpenCV 实现了一个人群计数器，这个计数器能实时统计正在进入和走出画面的人数，可用于道路摄像头统计人流或商家统计客流量等场景。

Chapter 8 第 8 章

道路信息文字识别

在本章中，我们将使用 OpenCV 的 EAST（An Efficient and Accurate Scene Text Detector，高效且精准的场景文字检测器）方法来实现自然场景中的文字检测。EAST 是一种深度学习的模型，它可以实时处理帧率为 13FPS 的 720P 视频流，并检测出视频中的文字。本章我们将对图像和视频分别做文字检测。如图 8-1 所示，是对日常生活中文字识别的简单示例。

图 8-1　对日常生活中文字的简单识别

8.1 EAST深度学习模型

在自然道路场景中对文字进行检测还是非常困难的，若要对可控场景中的文字进行检测，我们可以使用启发式的机器学习方法，比如关注图像中的梯度信息或者基于文字聚集成行成段这样的现象来实现。但是，在自然道路场景中事情却不是这样。随着拍摄设备的普及（比如人们手里的手机都至少有一个摄像头），我们在做文字检测时需要格外关注图像的拍摄条件，这就需要在我们的算法中清楚标记出哪些假设可以提，哪些假设不可以提。Celine Mancas-Thillou 和 Bernard Gosselin 在他们 2017 年发表的论文 *Natural Scene Text Understanding* ⊖中提出了自然场景中文字识别的一些难点。

- **图像传感器（摄像头）的噪声**：手持摄像设备的传感器噪声一般要大于扫描式的图像传感器，一些廉价的摄像头则很容易使图像的颜色失真。
- **拍摄视角**：自然场景图像的拍摄角度通常不会使文字平行，给文字识别带来较大困难。
- **图像模糊**：拍摄自然场景等非控制场景时，很容易使图像整体或部分模糊，尤其是当拍摄者使用的拍摄设备不具有稳定功能等。
- **光线条件**：我们不能针对自然场景图像做任何关于光线条件的假设，它的情况十分复杂，可能有的图像接近全黑，有的图像被阳光直射，有的图像在拍摄时打开了闪光灯。各种各样的光线条件使文字检测变得困难。
- **分辨率**：拍摄所使用的设备的分辨率是各种各样的，所以检测算法需要能够应对各种大小的图像。
- **非纸质文字载体**：大部分纸张是不会反光的，但是当印有文字的文字载体不是纸质材料时，很有可能发生局部反光的现象。
- **非平面文字载体**：如果文字出现在瓶子上，人仍然可以轻松地识别，但是对于算法来说这是很困难的，因为涉及图像的畸变与变形等。

8.1.1 EAST模型简介

借助 OpenCV 3.4.2 或者 OpenCV 4，我们可以实现基于深度学习的 EAST 文字检测器，它是一种高效且精准的场景文字检测器，是 Xinyu Zhou 等人在 2017 年的论文 *EAST: An Efficient and Accurate Scene Text Detector* 中提出的算法。EAST 可以在帧率为 13FPS 的 720P 自然场景图片流中找到方向随机的单词或句子，它也是一种鲁棒性很强的文字识别算法，可以应对上述提到的反光、模糊等问题。

在本章中，我们将使用 Python 对自然场景图像和视频分别做文字检测，如图 8-2 所示。

⊖ 论文地址为 https://www.tcts.fpms.ac.be/publications/regpapers/2007/VS_cmtbg2007.pdf。

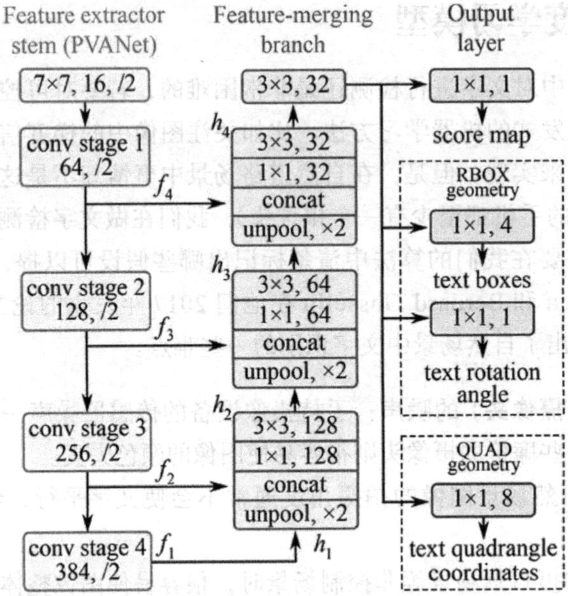

图 8-2　EAST 网络结构图

8.1.2　相关软件包的安装

需要安装的软件包清单如下：

- ❑ OpenCV 3.4.2 或更高版本
- ❑ numpy
- ❑ imutils

在树莓派上安装 OpenCV 的过程就不赘述了，建议安装在虚拟环境中，接下来我们来看如何安装其他软件包。

有了 pip 工具以后，安装其他软件包也十分方便。安装 numpy 和 imutils 时，只要切换到之前安装 OpenCV 的虚拟环境中直接使用 pip install 即可：

```
$ workon py3cv3
# 如果切换失败，请执行下列语句
$ source ~/.bashrc
$ workon py3cv3
$ pip install numpy
$ pip install --upgrade imutils
```

至此，所需要的软件包安装完成。

8.1.3 项目工程结构

项目工程目录结构如下所示：

```
$ tree . --dirsfirst
.
├── images
│   ├── allianz.jpg
│   ├── supermarket.jpg
│   └── wall_street.jpg
├── video
│   └── test.mp4
├── frozen_east_text_detection.pb
├── text_detection.py
└── text_detection_video.py

2 directories, 7 files
```

如上述代码所示，在 ./images 目录下存储了我们测试用的图片，这里你也可以将图片替换成你想要的图片。我们今天涉及两个 .py 文件：

- text_detection.py：在自然场景静态图像中检测文字。
- text_detection_video.py：在摄像头图像或读取的视频文件中检测文字。

这两个 .py 文件都用到了训练好的 EAST 模型，即 frozen_east_text_detection.pb。

我们所使用的实现文字检测的代码是基于 OpenCV 官方提供的 C 例程的，在将它转换为 Python 时会有一些麻烦。首先，在 Python 中没有 Point2f 和 RotatedRect 函数，因此我们不能复现 C 例程的全部功能，例如，C 例程在检测到文字后可以提供旋转的外边框，而我们使用 Python 实现时则没有这项功能。其次，在 Python 中实现 NMSBOxes 也会有一定的问题。所以，我们的文字检测与官方 C 例程会有一定的区别。

8.2 检测图片中的文字

下面我们用示例详细讲解如何检测图片中的文字。

8.2.1 代码编写和解读

我们将使用 text_detection.py 来实现自然场景静态图像中的文字检测功能，其代码及解读如下：

```
#-*- coding: UTF-8 -*-
# 调用必需库
```

```python
from imutils.object_detection import non_max_suppression
import numpy as np
import argparse
import time
import cv2

# 设置命令行参数
ap = argparse.ArgumentParser()
ap.add_argument("-i", "--image", type=str,
    help="path to input image")
ap.add_argument("-east", "--east", type=str,
    help="path to input EAST text detector")
ap.add_argument("-c", "--min-confidence", type=float, default=0.5,
    help="minimum probability required to inspect a region")
ap.add_argument("-w", "--width", type=int, default=320,
    help="resized image width (should be multiple of 32)")
ap.add_argument("-e", "--height", type=int, default=320,
    help="resized image height (should be multiple of 32)")
args = vars(ap.parse_args())

# 加载图像并获取图像尺寸
image = cv2.imread(args["image"])
orig = image.copy()
(H, W) = image.shape[:2]

# 读取命令行中设置的图像的高度与宽度，根据原图像大小计算缩放比例
(newW, newH) = (args["width"], args["height"])
rW = W / float(newW)
rH = H / float(newH)

# 缩放图像，并更新图像的尺寸
image = cv2.resize(image, (newW, newH))
(H, W) = image.shape[:2]

# 定义我们关注的EAST检测器2个输出层
# 第1层是结果的置信度，第2层可用于获取文字的外边框
layerNames = [
    "feature_fusion/Conv_7/Sigmoid",
    "feature_fusion/concat_3"]

# 加载训练好的EAST文字检测器
print("[INFO] loading EAST text detector...")
net = cv2.dnn.readNet(args["east"])

# 创建一个blob并在网络模型中正向传递，获得两个输出层score geometry
blob = cv2.dnn.blobFromImage(image, 1.0, (W, H),
    (123.68, 116.78, 103.94), swapRB=True, crop=False)
start = time.time()
net.setInput(blob)
(scores, geometry) = net.forward(layerNames)
end = time.time()

# 显示当前时间
```

```
print("[INFO] text detection took {:.6f} seconds".format(end - start))

# 获取score的行数和列数
# 初始化外边框列表和置信度列表
(numRows, numCols) = scores.shape[2:4]
rects = []
confidences = []

# 对行循环
for y in range(0, numRows):
    # 解析score和geometry中的内容
    scoresData = scores[0, 0, y]
    xData0 = geometry[0, 0, y]
    xData1 = geometry[0, 1, y]
    xData2 = geometry[0, 2, y]
    xData3 = geometry[0, 3, y]
    anglesData = geometry[0, 4, y]

    # 对列循环
    for x in range(0, numCols):
        # 如果置信度没有达到阈值，则跳过这个结果
        if scoresData[x] < args["min_confidence"]:
            continue

        # 最终输出的feature map与原图相比尺寸缩小了4倍，所以这里乘4得到的是原图的位置
        (offsetX, offsetY) = (x * 4.0, y * 4.0)

        # angle是文字的方向
        angle = anglesData[x]
        cos = np.cos(angle)
        sin = np.sin(angle)

        # 获取外边框的高度和宽度
        h = xData0[x] + xData2[x]
        w = xData1[x] + xData3[x]

        # 计算外边框的两个角点
        endX = int(offsetX + (cos * xData1[x]) + (sin * xData2[x]))
        endY = int(offsetY - (sin * xData1[x]) + (cos * xData2[x]))
        startX = int(endX - w)
        startY = int(endY - h)

        # 将外边框和置信度信息存在之前的列表里
        rects.append((startX, startY, endX, endY))
        confidences.append(scoresData[x])

# 采用非极大值抑制法删除重复边框，选取最佳边框
boxes = non_max_suppression(np.array(rects), probs=confidences)

# 对所有筛选出来的边框循环
for (startX, startY, endX, endY) in boxes:
    # 根据缩放率对外边框进行缩放
    startX = int(startX * rW)
```

```
109     startY = int(startY * rH)
110     endX = int(endX * rW)
111     endY = int(endY * rH)
112
113     # 在图片上绘制外边框
114     cv2.rectangle(orig, (startX, startY), (endX, endY), (0, 255, 0), 2)
115
116 # 显示识别结果
117 cv2.imshow("Text Detection", orig)
118 cv2.waitKey(0)
```

分析上述代码，详细说明如下。

第 3 ~ 7 行：调用所需库。我们之后要使用的非极大值抑制方法 non_max_suppression 来自于 imutils 的 object_detection。

第 9 ~ 21 行：定义了 5 个命令行参数。

- --image：输入图像的路径。
- --east：EAST 文字检测器模型的路径。
- --min-confidence：文字检测的置信度阈值，默认值为 0.5。
- --width：重置图像的宽度，该值必须是 32 的倍数，默认值为 320。
- --height：重置图像的高度，该值必须是 32 的倍数，默认值为 320。

第 24 ~ 26 行：加载图像并复制，获取图像高度和宽度。

第 29 ~ 31 行：根据输入图像的尺寸以及命令行参数中的 --width 和 --height，计算图像的缩放率。

第 34 ~ 35 行：缩放图片，并更新高度与宽度。

第 39 ~ 41 行：定义我们关注的 EAST 检测器的 2 个输出层，第 1 层是结果的置信度，第 2 层可用于获取文字的外边框。

第 44 ~ 45 行：根据命令行参数，加载 EAST 文字检测器模型。

第 48 ~ 56 行：将图片转换为 blob 并输入网络。在输入和输出时记录时间，计算处理时间，并将处理时间输出到终端上。通过把我们需要的输出层作为 net.forward 的参数，可以使这个函数返回两个 feature map。

- geometry：可以获取文字的外边框信息。
- scores：对应区域的识别结果置信度。

第 60 行：获取 scores 的行数和列数。

第 61 ~ 62 行：初始化两个结果 list，它们实际上是筛选 geometry 和 scores 后做了处理的结果。

- rects：存储了文字区外接边框两个角点的坐标。
- confidences：存储了与外接边框相对应的置信度。

第 65 行：开始对行循环。

第 67 ~ 72 行：将当前行的边框信息与置信度信息解析出来。

第 75 行：开始对列循环。

第 77 ~ 78 行：筛选掉一些置信度没有达到设定阈值的识别结果。

第 81 行：深度学习模型输出的 feature map 的尺寸大小相对于原图来说缩小了 4 倍，所以将行索引和列索引乘 4 才是原图中的索引位置。

第 84 ~ 86 行：解析文字的角度信息。但之前提到，我们不能像官方例程一样绘制出不平行与边界的边框，这里将信息解析出来供读者自己开发。

第 88 ~ 100 行：计算出边框的位置信息，并将满足置信度阈值的识别结果添加在 rects 和 confidences 中。

第 103 行：使用非极大值抑制方法筛选掉重叠的边框。

第 106 ~ 114 行：在原图上绘制外边框。

第 117 行：显示结果。

8.2.2 效果测试

解读完代码之后，我们可以做一个简单的测试，在终端中输入：

```
$ python3 text_detection.py --image images/allianz.jpg --east frozen_east_text_
detection.pb

[INFO] loading EAST text detector...
[INFO] text detection took 0.259425 seconds
```

在场景 1（allianz.jpg）中，文字检测效果如图 8-3 所示。

图 8-3 文字检测效果 1

```
$ python3 text_detection.py --image images/wall_street.jpg --east frozen_east_
text_detection.pb

[INFO] loading EAST text detector...
[INFO] text detection took 0.201275 seconds
```

在场景 2（wall_street.jpg）中，文字检测效果如图 8-4 所示。

图 8-4 文字检测效果 2

```
$ python3 text_detection.py --image images/supermarket.jpg --east frozen_east_
text_detection.pb

[INFO] loading EAST text detector...
[INFO] text detection took 0.195417 seconds
```

在场景 3（supermarket.jpg）中，文字检测效果如图 8-5 所示。

图 8-5 文字检测效果 3

在前两个较为纯净的场景中，EAST 很好地检测出了文字区域，但是在较为复杂的第三张图片中，检测效果不是很好，这也证明自然场景的文字识别也确实是个难题。

8.3　检测视频中的文字

上文介绍了如何检测图像中的文字，本节我们将讲解如何检测视频中的文字。

8.3.1　代码编写和解读

在 8.2 节中，我们实现了在自然场景静态图像中检测文字的功能，接下来我们将对自然场景中的视频做文字检测，其代码及解读如下：

```
#-*- coding: UTF-8 -*-
# 调用必需库
from imutils.video import VideoStream
from imutils.video import FPS
from imutils.object_detection import non_max_suppression
import numpy as np
import argparse
import imutils
import time
import cv2

def decode_predictions(scores, geometry):
    # 获取score的行数和列数
    # 初始化外边框列表和置信度列表
    (numRows, numCols) = scores.shape[2:4]
    rects = []
    confidences = []

    # 对行循环
    for y in range(0, numRows):
        # 解析score和geometry中的内容
        scoresData = scores[0, 0, y]
        xData0 = geometry[0, 0, y]
        xData1 = geometry[0, 1, y]
        xData2 = geometry[0, 2, y]
        xData3 = geometry[0, 3, y]
        anglesData = geometry[0, 4, y]

        # 对列循环
        for x in range(0, numCols):
            # 如果置信度没有达到阈值，则跳过这个结果
            if scoresData[x] < args["min_confidence"]:
                continue

            # 最终输出的feature map与原图相比尺寸缩小了4倍，所以这里乘4得到的是原图的位置
            (offsetX, offsetY) = (x * 4.0, y * 4.0)

            # angle是文字的方向
            angle = anglesData[x]
            cos = np.cos(angle)
            sin = np.sin(angle)
```

```

            # 获取外边框的高度和宽度
            h = xData0[x] + xData2[x]
            w = xData1[x] + xData3[x]

            # 计算外边框的两个角点
            endX = int(offsetX + (cos * xData1[x]) + (sin * xData2[x]))
            endY = int(offsetY - (sin * xData1[x]) + (cos * xData2[x]))
            startX = int(endX - w)
            startY = int(endY - h)

            # 将外边框和置信度信息存在之前的列表里
            rects.append((startX, startY, endX, endY))
            confidences.append(scoresData[x])

    # 返回一个外接矩形及其对应置信度的tuple
    return (rects, confidences)

# 设置命令行参数
ap = argparse.ArgumentParser()
ap.add_argument("-east", "--east", type=str, required=True,
    help="path to input EAST text detector")
ap.add_argument("-v", "--video", type=str,
    help="path to optinal input video file")
ap.add_argument("-c", "--min-confidence", type=float, default=0.5,
    help="minimum probability required to inspect a region")
ap.add_argument("-w", "--width", type=int, default=320,
    help="resized image width (should be multiple of 32)")
ap.add_argument("-e", "--height", type=int, default=320,
    help="resized image height (should be multiple of 32)")
args = vars(ap.parse_args())

# 初始化原图像和处理后图像的高度与宽度，并初始化缩放率
(W, H) = (None, None)
(newW, newH) = (args["width"], args["height"])
(rW, rH) = (None, None)

# 定义我们关注的EAST检测器的2个输出层
# 第1层是结果的置信度，第2层可用于获取文字的外边框
layerNames = [
    "feature_fusion/Conv_7/Sigmoid",
    "feature_fusion/concat_3"]

# 加载训练好的EAST文字检测器
print("[INFO] loading EAST text detector...")
net = cv2.dnn.readNet(args["east"])

# 如果没有提供视频文件的路径，则从摄像头中抓取图像
if not args.get("video", False):
    print("[INFO] starting video stream...")
    vs = VideoStream(src=0).start()
    time.sleep(1.0)

```

```
# 如果提供了视频文件路径，则从文件中抓取图像
else:
    vs = cv2.VideoCapture(args["video"])

# 启动帧率估计
fps = FPS().start()

# 对视频流中的图像循环
while True:
    # 抓取下一帧，并根据视频流的来源调整
    frame = vs.read()
    frame = frame[1] if args.get("video", False) else frame

    # 检查视频流是否结束
    if frame is None:
        break

    # 缩放图像帧，并保持长宽比
    frame = imutils.resize(frame, width=1000)
    orig = frame.copy()

    # 如果高或宽为空，我们需要获取当前图像的高度和宽度并计算缩放率
    if W is None or H is None:
        (H, W) = frame.shape[:2]
        rW = W / float(newW)
        rH = H / float(newH)

    # 缩放图像，这次忽略长宽比
    frame = cv2.resize(frame, (newW, newH))

    # 创建一个blob 并在网络模型中正向传递，获得两个输出层score geometry
    blob = cv2.dnn.blobFromImage(frame, 1.0, (newW, newH),
        (123.68, 116.78, 103.94), swapRB=True, crop=False)
    net.setInput(blob)
    (scores, geometry) = net.forward(layerNames)

    # 调用decode_predictions函数获取外边框及相应置信度
    # 应用非极大值抑制法删除重复或不可靠的结果
    (rects, confidences) = decode_predictions(scores, geometry)
    boxes = non_max_suppression(np.array(rects), probs=confidences)

    # 对所有筛选出来的边框循环
    for (startX, startY, endX, endY) in boxes:
        # 根据缩放率对外边框进行缩放
        startX = int(startX * rW)
        startY = int(startY * rH)
        endX = int(endX * rW)
        endY = int(endY * rH)

        # 在图片上绘制外边框
        cv2.rectangle(orig, (startX, startY), (endX, endY), (0, 255, 0), 2)

    # 更新帧率估算
```

```
148     fps.update()
149
150     # 显示输出帧
151     cv2.imshow("Text Detection", orig)
152     key = cv2.waitKey(1) & 0xFF
153
154     # 如果按下q键，则跳出循环
155     if key == ord("q"):
156         break
157
158 # 停止计数器，并显示帧数
159 fps.stop()
160 print("[INFO] elasped time: {:.2f}".format(fps.elapsed()))
161 print("[INFO] approx. FPS: {:.2f}".format(fps.fps()))
162
163 # 如果我们使用的是摄像头，则释放调用
164 if not args.get("video", False):
165     vs.stop()
166
167 # 如果使用的是视频文件，则释放调用
168 else:
169     vs.release()
170
171 # 关闭所有窗口
172 cv2.destroyAllWindows()
```

分析上述代码，具体说明如下。

第 3 ~ 10 行：调用必需库。

第 12 ~ 58 行：定义了 decode_predictions 函数，这个函数的作用是从 scores 和 geometry 中解析出 rects 和 confidences，原理与静态图像中相同，在此不做重复介绍。

第 61 ~ 72 行：定义了 5 个命令行参数。

- --video：输入视频的路径。
- --east：EAST 文字检测器模型的路径。
- --min-confidence：文字检测的置信度阈值，默认值为 0.5。
- --width：重置图像的宽度，该值必须是 32 的倍数，默认值为 320。
- --height：重置图像的高度，该值必须是 32 的倍数，默认值为 320。

> 注意　EAST 文字检测器要求输入图像的尺寸必须是 32 的倍数，如果需要自定义宽度和高度，一定要设置为 32 的倍数。

第 75 ~ 77 行：初始化原图像、新图像的高度与宽度，初始化缩放率。

第 81 ~ 83 行：定义我们关注的 EAST 检测器的 2 个输出层，第 1 层是结果的置信度，第 2 层可用于获取文字的外边框。

第 86 ~ 87 行：根据命令行参数，加载 EAST 文字检测器模型。

第 90 ~ 97 行：如果在命令行参数中没有提供视频文件的路径，则从摄像头中抓取图像。如果提供了视频文件路径，则从所提供的文件中抓取图像。

第 100 行：启动帧率计算。

第 103 行：开始循环。

第 105 ~ 106 行：从视频流中读取图像。如果图像来源是摄像头，则只读取第 1 帧，代表当前图像。如果图像来源是视频文件，则按照视频流的输入读取。

第 109 ~ 110 行：如果视频流终止，则跳出循环。

第 113 ~ 114 行：将图像保持长宽比缩放至宽度为 1000，并将该图像存为原图。

第 117 ~ 120 行：如果 W 或 H 有一项为空，则从原图中获取，并计算缩放率。

第 123 行：缩放图像。

第 126 ~ 134 行：将图片转换为 blob 并输入网络。在输入和输出时记录时间，计算处理时间，并将处理时间输出在终端上。通过把我们需要的输出层作为 net.forward 的参数，可以使这个函数返回两个 feature map。将两个 feature map 输入我们之前定义的 decode_prediction 函数中，获取 rects 及 confidences，然后应用非极大值抑制方法筛选掉重叠的边框。

第 137 ~ 145 行：在原图上绘制外边框。

第 148 行：更新帧数。

第 151 行：显示处理后的图像。

第 155 ~ 156 行：如果按下 q 键，则退出循环。

第 159 ~ 172 行：显示时间与帧数，并释放视频源，关闭窗口。

8.3.2 效果测试

在解读完代码之后，我们使用测试视频做一个测试，在终端中输入：

```
$ python3 text_detection_video.py --video video/test.mp4 --east frozen_ea
st_text_detection.pb
```

测试结果如图 8-6 所示。

图 8-6 测试结果示意图

8.4 对文字内容进行识别

本节将介绍一种常用的文字识别工具 Tesseract，通过具体示例帮助读者了解、掌握它的相关内容，并应用到实际场景中。

8.4.1 Tesseract 介绍和安装

Tesseract 是一种十分流行的光学字符识别引擎（OCR Engine），由 Ewlett Packard 在 20 世纪 80 年代开发，并在 2005 年首次开源。2006 年开始，Google 接手并赞助了这个项目。在以往的版本中，Tesseract 可以在特定条件下工作得很好，但是当图像中存在噪声，或者图像没有按照要求预处理时，Tesseract 的识别结果较差。随着深度学习在计算机视觉领域的发展，它促进了文字识别和手写文字识别的发展。基于深度学习的模型获得了空前高的识别准确率，远远超过了传统的特征方法和机器学习方法。在 Tesseract 中集成深度学习方法花费了很久的时间，但是现在，在最新的 Tesseract(v4) 版本中，已经支持基于深度学习的 OCR，大大提高了准确率。Tesseract 实现了一种长短期记忆网络（Long Short-Time Memory network，LSTM），即递归神经网络（Recurrent Neural Network，RNN）。

1. 在 Ubuntu 上安装 Tesseract

在 Ubuntu 上安装 Tesseract 的命令操作与系统版本有关，在 Ubuntu 18.04 上的安装方法与 Ubuntu 18.04 之前的系统安装方法不同。在安装之前，首先使用 lsb_release 命令确认一下版本：

```
$ lsb_release -a
No LSB modules are available.
Distributor ID: Ubuntu
Description:    Ubuntu 16.04.6 LTS
Release:    16.04
Codename:   xenial
```

可以看到这里的系统版本是 16.04，注意，一定要在安装之前确认一下系统版本。

对于 Ubuntu 18.04 的用户来说，Tesseract 4 已经被集成在官方软件源中，使用下列命令即可安装：

```
$ sudo spt-get install tesseract-ocr
```

对于 Ubuntu 14、16 或者 17 的用户来说，需要通过一些额外的命令来配置。好消息是 Alexander Pozdnyakov 开发了 Tesseract 的 PPA 源，使得在旧版本系统上安装 Tesseract 4 变得十分方便：

```
$ sudo add-apt-repository ppa:alex-p/tesseract-ocr
$ sudo apt-get update
$ sudo apt install tesseract-ocr
```

安装过程结束后，如果没有报错，Tesseract 4 就已经成功安装。在终端中输入：

```
$ tesseract -v
tesseract 4.0.0-beta.3
 leptonica-1.76.0
  libjpeg 9c : libpng 1.6.34 : libtiff 4.0.9 : zlib 1.2.11
 Found AVX512BW
 Found AVX512F
 Found AVX2
 Found AVX
 Found SSE
```

接下来我们需要将 Tesseract 4 和 Python 绑定在一起，使得 Tesseract 可以对 OpenCV 处理的图片应用 OCR。如果之前在虚拟环境中安装了 OpenCV（推荐的方法），那么首先切换至虚拟环境：

```
$ workon py3cv3
```

这里 py3cv3 是我命名的虚拟环境的名字，读者需要将其换成自己命名的名字。接下来使用 pip 安装 pillow、pytesseract、imutils：

```
$ pip install pillow
$ pip install pytesseract
$ pip install imutils
```

安装完成且没有报错后，我们的安装工作就结束了。打开 Python 检测是否可以导入 OpenCV 和 pytesseract 等模块：

```
$ python
Python 3.6.5 (default, Apr  1 2018, 05:46:30)
[GCC 7.3.0] on linux
Type "help", "copyright", "credits" or "license" for more information.
>>> import cv2
>>> import pytesseract
>>> import imutils
>>>
```

如果能够正常导入，表示安装已完成。

2. 在 macOS 上安装 Tesseract

如果你的 macOS 上安装了 Homebrew，那么安装 Tesseract 就会变得很方便，在终端中执行如下命令：

```
$ brew install tesseract --HEAD
```

如果之前安装了 Tesseract，那么在安装之前需要先删除旧版本：

```
$ brew unlink tesseract
```

安装过程结束后，如果没有报错，Tesseract 4 就安装成功了。在终端中输入：

```
$ tesseract -v
tesseract 4.0.0-beta.3
 leptonica-1.76.0
  libjpeg 9c : libpng 1.6.34 : libtiff 4.0.9 : zlib 1.2.11
 Found AVX512BW
 Found AVX512F
 Found AVX2
 Found AVX
 Found SSE
```

接下来我们需要将 Tesseract 4 和 Python 绑定在一起，使得 Tesseract 可以对 OpenCV 处理的图片应用 OCR。如果之前在虚拟环境中安装了 OpenCV（推荐的方法），那么首先切换至虚拟环境：

```
$ workon py3cv3
```

这里 py3cv3 是我命名的虚拟环境的名字，读者需要将其换成自己命名的名字。接下来使用 pip 安装 pillow、pytesseract、imutils：

```
$ pip install pillow
$ pip install pytesseract
$ pip install imutils
```

安装完成且没有报错后，我们的安装工作就结束了。打开 Python 检测是否可以导入 OpenCV 和 pytesseract 等模块：

```
$ python
Python 3.6.5 (default, Apr  1 2018, 05:46:30)
[GCC 7.3.0] on linux
Type "help", "copyright", "credits" or "license" for more information.
>>> import cv2
>>> import pytesseract
>>> import imutils
>>>
```

如果能够正常导入，表示安装已完成。

8.4.2 使用 Tesseract 实现文字识别的原理

在成功安装了 OpenCV 和 Tesseract 之后，我们来简单了解一下今天的功能框架，如图 8-7 所示。

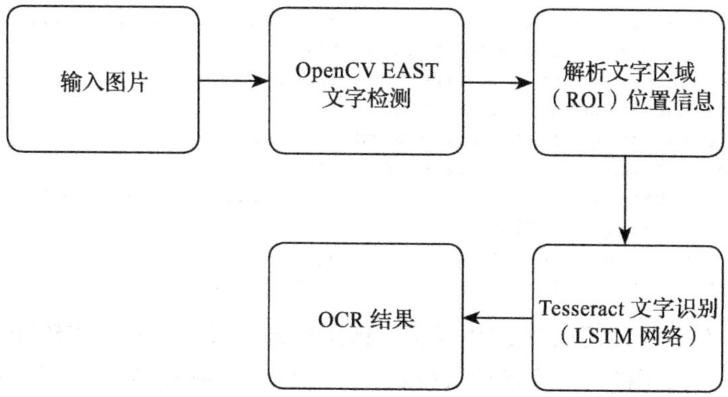

图 8-7　Tesseract 实现原理示意图

首先，我们使用 OpenCV 中的 EAST 文字探测器解析图片中文字的存在区域 ROI。然后，提取 ROI 的坐标，并将坐标作为 Tesseract 的 LSTM 深度学习模型中的输入。LSTM 的输出将会返回 OCR 结果，最后，将 OCR 的结果通过 OpenCV 绘制在原图上。

在开始之前，先简单了解一下 Tesseract 的命令选项，在调用 tessarct 库时，需要附加一些参数，其中 3 个比较重要的是 -l、--oem 和 --psm。

1）-l 控制的是输入文本的语言，它支持包括汉语、英语、法语在内的很多种语言，这里我们将使用英语 eng 来举例。

2）--oem 控制的是 OCR 的引擎模式（OCR Engine Mode），即 Tesseract 所使用的算法。可以通过 -help 来查看详细信息：

```
$ tesseract --help-oem
OCR Engine modes: (see https://github.com/tesseract-ocr/tesseract/wiki#linux)
  0    Legacy engine only.
  1    Neural nets LSTM engine only.
  2    Legacy + LSTM engines.
  3    Default, based on what is available.
```

后文我们将使用参数 --oem 1，表示我们只是用深度学习 LSTM 模型。

3）--psm 控制的是页面分段模式（Page Segmentation Mode），也可以通过 -help 查看详细信息：

```
$ tesseract --help-psm
Page segmentation modes:
  0    Orientation and script detection (OSD) only.
  1    Automatic page segmentation with OSD.
  2    Automatic page segmentation, but no OSD, or OCR. (not implemented)
  3    Fully automatic page segmentation, but no OSD. (Default)
  4    Assume a single column of text of variable sizes.
```

```
  5    Assume a single uniform block of vertically aligned text.
  6    Assume a single uniform block of text.
  7    Treat the image as a single text line.
  8    Treat the image as a single word.
  9    Treat the image as a single word in a circle.
 10    Treat the image as a single character.
 11    Sparse text. Find as much text as possible in no particular order.
 12    Sparse text with OSD.
 13    Raw line. Treat the image as a single text line,
       bypassing hacks that are Tesseract-specific.
```

经过测试，对于我们使用的 ROI 来说，选用模式 6 或 7 的效果比较好，但如果处理大区域的文字，可以选用模式 3 或者默认模式。如果后面发现 OCR 的结果出现错误，可以尝试调试 -psm 参数。

8.4.3 代码编写和解读

代码的目录结构如下：

```
$ tree --dirsfirst
.
├── images
│   ├── test_1.jpg
│   ├── test_2.jpg
│   ├── test_3.jpg
├── frozen_east_text_detection.pb
└── text_recognition.py

1 directory, 5 files
```

各目录解析如下。

- images/：这个目录下存放了测试图片，我们将对它们进行检测。
- frozen_east_text_detection.pb：这是 OpenCV 官方提供的 EAST 文字检测器模型文件，这个 CNN 网络已经被训练过了，可以直接使用。
- text_recognition.py：这是我们实现 OCR 的 Python 代码，接下来我们主要对它进行解读。

下面使用 Tesseract 对文字内容进行识别，代码如下所示。

```
#-*- coding: UTF-8 -*-
# 调用必需库
from imutils.object_detection import non_max_suppression
import numpy as np
import pytesseract
import argparse
import cv2
```

```python
def decode_predictions(scores, geometry):
    # 获取score的行数和列数
    # 初始化外边框列表和置信度列表
    (numRows, numCols) = scores.shape[2:4]
    rects = []
    confidences = []

    # 对行循环
    for y in range(0, numRows):
        # 解析score和geometry中的内容
        scoresData = scores[0, 0, y]
        xData0 = geometry[0, 0, y]
        xData1 = geometry[0, 1, y]
        xData2 = geometry[0, 2, y]
        xData3 = geometry[0, 3, y]
        anglesData = geometry[0, 4, y]

        # 对列循环
        for x in range(0, numCols):
            # 如果置信度没有达到阈值，则跳过这个结果
            if scoresData[x] < args["min_confidence"]:
                continue

            # 最终输出的feature map与原图相比尺寸缩小了4倍，所以这里乘4得到的是原图的位置
            (offsetX, offsetY) = (x * 4.0, y * 4.0)

            # angle是文字的方向
            angle = anglesData[x]
            cos = np.cos(angle)
            sin = np.sin(angle)

            # 获取外边框的高度和宽度
            h = xData0[x] + xData2[x]
            w = xData1[x] + xData3[x]

            # 计算外边框的两个角点
            endX = int(offsetX + (cos * xData1[x]) + (sin * xData2[x]))
            endY = int(offsetY - (sin * xData1[x]) + (cos * xData2[x]))
            startX = int(endX - w)
            startY = int(endY - h)

            # 将外边框和置信度信息存在之前的列表里
            rects.append((startX, startY, endX, endY))
            confidences.append(scoresData[x])

    # 返回一个外接矩形及其对应置信度的tuple
    return (rects, confidences)

# 设置命令行参数
ap = argparse.ArgumentParser()
ap.add_argument("-i", "--image", type=str,
    help="path to input image")
```

```
ap.add_argument("-east", "--east", type=str,
    help="path to input EAST text detector")
ap.add_argument("-c", "--min-confidence", type=float, default=0.5,
    help="minimum probability required to inspect a region")
ap.add_argument("-w", "--width", type=int, default=320,
    help="nearest multiple of 32 for resized width")
ap.add_argument("-e", "--height", type=int, default=320,
    help="nearest multiple of 32 for resized height")
ap.add_argument("-p", "--padding", type=float, default=0.0,
    help="amount of padding to add to each border of ROI")
args = vars(ap.parse_args())

# 加载图像并获取图像尺寸
image = cv2.imread(args["image"])
orig = image.copy()
(origH, origW) = image.shape[:2]

# 读取命令行中设置的图像的高度与宽度，根据原图像大小计算缩放比例
(newW, newH) = (args["width"], args["height"])
rW = origW / float(newW)
rH = origH / float(newH)

# 缩放图像 并更新图像的尺寸
image = cv2.resize(image, (newW, newH))
(H, W) = image.shape[:2]

# 定义我们关注的EAST检测器2个输出层
# 第1层是结果的置信度，第2层可用于获取文字的外边框
layerNames = [
    "feature_fusion/Conv_7/Sigmoid",
    "feature_fusion/concat_3"]

# 加载训练好的EAST 文字检测器
print("[INFO] loading EAST text detector...")
net = cv2.dnn.readNet(args["east"])

# 创建一个blob 并在网络模型中正向传递，获得两个输出层score geometry
blob = cv2.dnn.blobFromImage(image, 1.0, (W, H),
    (123.68, 116.78, 103.94), swapRB=True, crop=False)
net.setInput(blob)
(scores, geometry) = net.forward(layerNames)

# 调用decode_predictions函数获取外边框及相应置信度
# 应用非极大值抑制法删除重复或不可靠的结果
(rects, confidences) = decode_predictions(scores, geometry)
boxes = non_max_suppression(np.array(rects), probs=confidences)

# 初始化结果列表
results = []

# 对所有筛选出来的边框循环
for (startX, startY, endX, endY) in boxes:
    # 根据缩放率对外边框进行缩放
```

```
114     startX = int(startX * rW)
115     startY = int(startY * rH)
116     endX = int(endX * rW)
117     endY = int(endY * rH)
118
119     # 为了获取更好的OCR结果，在获取的文字外边框外围再扩大一定的距离，这里计算偏移量
120     dX = int((endX - startX) * args["padding"])
121     dY = int((endY - startY) * args["padding"])
122
123     # 将偏移量加在各个边上
124     startX = max(0, startX - dX)
125     startY = max(0, startY - dY)
126     endX = min(origW, endX + (dX * 2))
127     endY = min(origH, endY + (dY * 2))
128
129     # 提取扩大后的roi
130     roi = orig[startY:endY, startX:endX]
131
132     # 设置三个重要参数，调用Tesseract
133     config = ("-l eng --oem 1 --psm 7")
134     text = pytesseract.image_to_string(roi, config=config)
135
136     # 将边框和OCR结果存储在一起
137     results.append(((startX, startY, endX, endY), text))
138
139 # 根据位置从上到下排列结果
140 results = sorted(results, key=lambda r:r[0][1])
141
142 # 对结果进行循环
143 for ((startX, startY, endX, endY), text) in results:
144     # display the text OCR'd by Tesseract
145     print("OCR TEXT")
146     print("========")
147     print("{}\n".format(text))
148
149     # 从识别结果中去除非ASCII编码的文字，绘制边框，并在边框附近打印文字
150     text = "".join([c if ord(c) < 128 else "" for c in text]).strip()
151     output = orig.copy()
152     cv2.rectangle(output, (startX, startY), (endX, endY),
153         (0, 0, 255), 2)
154     cv2.putText(output, text, (startX, startY - 20),
155         cv2.FONT_HERSHEY_SIMPLEX, 1.2, (0, 0, 255), 3)
156
157     # 显示结果
158     cv2.imshow("Text Detection", output)
159     cv2.waitKey(0)
```

分析上述代码，具体说明如下。

第3～7行：导入必需模块。显然我们需要 pytesseract 与 cv2，imutils 的非极大值抑制方法（non-maxima suppression）将会在我们筛选识别结果的时候起作用。argparse 将用于

设置命令行参数。

第 9 行：定义了 decode_predictions 函数，这个函数的作用是从神经网络的输出层 scores 和 geometry 中解析出初步结果 rects 和 confidences。

- scores：文字区域的置信度。
- geometry：文字区域的外边框。
- rects：与 geometry 功能相同，但是数据结构更适合我们后面的处理。
- confidences：和 rects 中的边框对应的置信度值。

第 12 行：获取 scores 的行数和列数。

第 13 ~ 14 行：初始化两个结果 list，它们实际上是筛选 geometry 和 scores 后做了处理的结果。

- rects：存储了文字区外接边框两个角点的坐标。
- confidences：存储了与外接边框相对应的置信度。

第 17 行：开始对行循环。

第 19 ~ 24 行：将当前行的边框信息与置信度信息解析出来。

第 27 行：开始对列循环。

第 29 ~ 30 行：筛选掉一些置信度没有达到设定阈值的识别结果。

第 33 行：深度学习模型输出的 feature map 的尺寸大小相对于原图来说缩小了 4 倍，所以将行索引和列索引乘 4 才是原图中的索引位置。

第 36 ~ 38 行：解析文字的角度信息。由于官方例程是使用 C++ 实现的，当我们使用 Python 实现时，不能像官方例程一样绘制出不平行于边界的边框，这里将信息解析出来供读者自己开发。

第 40 ~ 52 行：计算出边框的位置信息，并将满足置信度阈值的识别结果添加在 rects 和 confidences 中。

第 58 ~ 71 行：定义了 6 个命令行参数。

- --image：输入图像的路径。
- --east：EAST 文字检测器模型的路径。
- --min-confidence：文字检测的置信度阈值，默认值为 0.5。
- --width：重置图像的宽度，该值必须是 32 的倍数，默认值为 320。
- --height：重置图像的高度，该值必须是 32 的倍数，默认值为 320。
- --padding:（选用）将每一个 ROI 区域向外扩大一定的幅度，这里可以是 0.05（5%）或 0.10（10%），如果发现 OCR 识别结果不正确，可以选择调整该幅度。

第 74 ~ 76 行：加载图像并复制，获取图像高度和宽度。

第 79 ~ 81 行：根据输入图像的尺寸以及命令行参数中的 --width 和 --height，计算图像的缩放率。

第 84 ~ 85 行：缩放图片，并更新高度与宽度。

第 89 ~ 91 行：定义我们关注的 EAST 检测器的 2 个输出层，第 1 层是结果的置信度，第 2 层可用于获取文字的外边框。

第 94 ~ 95 行：根据命令行参数，加载 EAST 文字检测器模型。

第 98 ~ 105 行：将图片转换为 blob 并输入网络。在输入和输出时记录时间，计算处理时间，并将处理时间输出在终端上。通过把我们需要的输出层作为 net.forward 的参数，可以使这个函数返回两个 feature map，即 decode_prediction 所需的 scores 和 geometry。decode_prediction 函数返回 rects 和 confidences。

第 106 行：使用非极大值抑制方法筛选掉重叠的边框。

第 109 行：初始化结果列表。

第 112 ~ 130 行：对筛选后的结果进行循环，计算使用 padding 后的坐标位置，并重新提取 ROI 区域。

第 133 ~ 137 行：设置之前提到的 -l、oem、psm 参数，并调用 pytesseract 进行文字识别，结果存放在 text 中。

第 140 行：将识别结果按照位置从上到下排列。

第 145 ~ 147 行：在终端输出识别结果。

第 150 ~ 155 行：将边框和文字绘制在图片上。

第 158 ~ 159 行：显示结果。

8.4.4 效果测试

在对应目录下打开终端，输入如下命令：

```
$ python3.6 text_recognition.py --east frozen_east_text_detection.pb
--image images/test_1.jpg

[INFO] loading EAST text detector...
OCR TEXT
========
Google
```

在场景 1（test_1.jpg）中，测试效果如图 8-8 所示。

```
$ python3.6 text_recognition.py --east frozen_east_text_detection.pb
--image images/test_2.jpg

[INFO] loading EAST text detector...
```

```
OCR TEXT
========
Microsoft
```

在场景 2（test_2.jpg）中，测试效果如图 8-9 所示。

图 8-8 测试效果 1

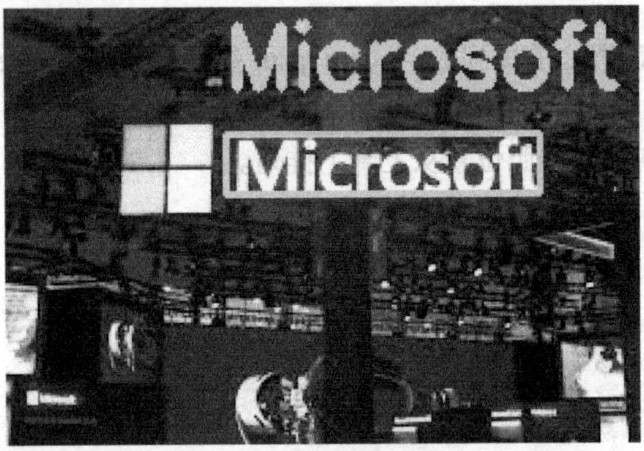

图 8-9 测试效果 2

```
$ python3.6 text_recognition.py --east frozen_east_text_detection.pb
--image images/test_3.jpg

[INFO] loading EAST text detector...
OCR TEXT
========
WALL
```

在场景 3（test_3.jpg）中，文字检测效果如图 8-10 所示。

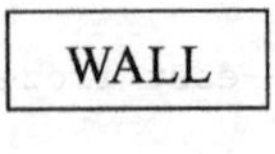

图 8-10 测试效果 3

8.5 本章小结

我们应当清楚没有任何一个 OCR 系统是完美的，因为 OCR 引擎的工作总是要受到现实世界中各种条件的限制，期望获得 100% 准确率的 OCR 系统是不现实的。我们所使用的 OpenCV OCR 系统在一些图片中工作得很好，但是在一些图片中表现得不是很好，这主要有两个原因：文字与边界不平行以及文字字体与 Tesseract 的训练样本区别较大。即使 Tesseract v4 已经比之前的版本强大了很多，但深度学习的模型总是无可避免地受限于训练样本，如果我们交给 Tesseract 识别的字体超出了它的训练范围，那么是很难识别成功的。

此外，Tesseract 假设输入的文字图像是相对纯净的，也就是只含有文字或者图像大部分都是文字，当我们直接把它应用于自然场景的文字识别时，这种假设显然是不成立的。通常，你会发现我们今天所使用的 OpenCV OCR 系统对于一些图片识别效果很好，这些图片可能是拍摄角度与文字平面垂直，或者文字很容易从背景中区分。如果 OCR 很难工作得很好，可以通过 OpenCV 中的透视变换对图像做预处理，但是要注意我们使用的 Python+EAST 文字检测器不能提供不平行于边界的外边框，所以预处理可能会受到限制。

在本章中，我们学习了如何使用 OpenCV 和 Tesseract 来实现文字探测与文字识别。我们首先使用了 OpenCV 的 EAST 文字检测器来进行文字的探测与定位，然后对于 ROI 使用 OpenCV 和 Tesseract 进行 OCR 文字检测，这些步骤在一份 Python 代码中就可以实现。

为了让识别结果更准确，有如下几点建议：

- 输入图片的文字区域要尽可能与其他背景区分开。
- 拍摄图片时，尽可能地使拍摄视角与文字平面垂直，如果无法做到，则建议使用 OpenCV 的透视变换做预处理。

Chapter 9 第 9 章

简单人脸追踪

本章我们将学习如何利用 OpenCV 和 Python 实现简单的人脸追踪。

9.1 核心原理和效果简介

识别视频中的人脸是 OpenCV 的一个经典应用，本章我们将利用 OpenCV 完成简易的人脸目标追踪，实现以下几个步骤：

- 第 1 步：识别出视频中的某些特定目标，比如用绘制目标外界矩形的方法来表示。
- 第 2 步：为识别出的目标标上单独的编号。
- 第 3 步：目标在图像中移动时，它们的编号不发生变化。也就是说，如果找到一个 1 号目标，无论它在画面中怎样运动，只要不离开视野，我们应该认为它始终就是 1 号目标，1 号目标也始终是它，而不是为它重新编号或者将其他目标编为 1 号。

更进一步，如果我们实现了上述的目标追踪功能，每一个识别到的目标都有一个单独的编号，那么就可以利用这个性能搭建一个计数器。比如，如果被要求识别的目标是人脸，我们就可以搭建一个计算人数的计数器。

以上这些对于很多机器视觉与图像处理算法的要求都很高，会需要充足的空间和性能来运行更加强悍的深度学习算法。但是在本章中，我们只介绍一种简易的、便于理解的目标追踪算法——形心追踪算法。7.1.2 节已经详细介绍了该算法的原理，所以这里我们直接利用 Python 和 OpenCV 实现该算法。

9.2 环境准备和代码编写

需要安装的软件包清单如下：

- OpenCV 3.3 或更高版本
- NumPy
- SciPy
- imutils

在安装之前请先确认你的电脑上是否安装了 Python3，同时，关于这些软件包的安装过程，前文均已提到，这里不再赘述。

9.2.1 使用 Python 实现形心追踪算法

要实现一个人脸追踪器，所需要的代码文件的目录结构如下：

```
$ tree . --dirsfirst
.
├── objecttracker
│   ├── centroidtracker.py
│   └── __init__.py
├── video
│   └── test.mp4
├── deploy.prototxt
├── object_tracker.py
└── res10_300x300_ssd_iter_140000.caffemodel

2 directories, 6 files
```

上述目录说明如下：

- centroidtracker.py：定义了 CentroidTracker 类，是实现形心追踪算法的基础。
- object_tracker.py：创建 CentroidTracker 的对象，并实现人脸追踪。
- deploy.prototxt 和 res10_300x300_ssd_iter_140000.caffemodel：OpenCV 的深度学习人脸检测器，将为形心追踪算法提供人脸识别的功能。当然，这里也可以换成其他人脸识别器。

在解读代码之前，希望读者确保已经理解了算法的工作流程，也希望读者在阅读代码时能够仔细思考。接下来我们来定义 CentroidTracker 类。

在 centroidtracker.py 中，定义了一个 CentroidTracker 类，这个类包含了注册、注销等功能，用于实现形心追踪算法。

```python
#-*- coding: UTF-8 -*-
# 调用所需库
from scipy.spatial import distance as dist
from collections import OrderedDict
import numpy as np

class CentroidTracker():
    def __init__(self, maxDisappeared=50):
        # 初始化下一个新出现人脸的ID
        # 初始化2个有序字典
        # objects用来储存ID和形心坐标
        # disappeared用来储存ID和对应人脸已连续消失的帧数
        self.nextObjectID = 0
        self.objects = OrderedDict()
        self.disappeared = OrderedDict()

        # 设置最大连续消失帧数
        self.maxDisappeared = maxDisappeared

    def register(self, centroid):
        # 分别在2个字典中注册新人脸，并更新下一个新出现人脸的ID
        self.objects[self.nextObjectID] = centroid
        self.disappeared[self.nextObjectID] = 0
        self.nextObjectID += 1

    def deregister(self, objectID):
        # 分别在2个字典中注销已经消失的人脸
        del self.objects[objectID]
        del self.disappeared[objectID]

    def update(self, rects):
        # 检查输入的人脸外接矩形列表是否为空
        if len(rects) == 0:
            # 对每一个注册人脸，标记一次消失
            for objectID in self.disappeared.keys():
                self.disappeared[objectID] += 1

                # 当连续消失帧数超过最大值时，注销人脸
                if self.disappeared[objectID] > self.maxDisappeared:
                    self.deregister(objectID)

            # 因为没有识别到人脸，本次更新结束
            return self.objects

        # 对于当前帧，初始化外接矩形形心的存储矩阵
        inputCentroids = np.zeros((len(rects), 2), dtype="int")

        # 对于每一个矩形执行操作
        for (i, (startX, startY, endX, endY)) in enumerate(rects):
            # 计算形心
            cX = int((startX + endX) / 2.0)
            cY = int((startY + endY) / 2.0)
            inputCentroids[i] = (cX, cY)
```

```
        # 如果当前追踪列表为空，则说明这些矩形都是新人脸，需要注册
        if len(self.objects) == 0:
            for i in range(0, len(inputCentroids)):
                self.register(inputCentroids[i])

        # 否则需要和旧人脸进行匹配
        else:
            # 从字典中获取ID和对应形心坐标
            objectIDs = list(self.objects.keys())
            objectCentroids = list(self.objects.values())

            # 计算全部已有人脸的形心与新图像中人脸的形心的距离，用于匹配
            # 每一行代表一个旧人脸形心与所有新人脸形心的距离
            # 元素的行代表旧人脸ID，列代表新人脸形心
            D = dist.cdist(np.array(objectCentroids), inputCentroids)

            # 接下来的两步用于匹配新目标和旧目标
            # min(axis=1)获得由每一行中的最小值组成的向量，代表了距离每一个旧人脸最近的新人脸的距离
            # argsort()将这些最小值进行排序，获得的是由相应索引值组成的向量
            # rows里存储的是旧人脸的ID排列顺序，按照“最小距离”从小到大排序
            rows = D.min(axis=1).argsort()

            # argmin(axis=1)获得每一行中的最小值的索引值，代表了距离每一个旧人脸最近的新人脸的ID
            # cols里存储的是新人脸的ID按照rows排列
            cols = D.argmin(axis=1)[rows]

            # 为了防止重复更新、注册、注销等操作，我们设置两个集合存储已经更新过的row和col
            usedRows = set()
            usedCols = set()

            # 对于所有(row,col)的组合执行以下操作
            for (row, col) in zip(rows, cols):
                # 若row和col二者之一被检验过，则跳过
                if row in usedRows or col in usedCols:
                    continue

                # 更新已经匹配的人脸
                objectID = objectIDs[row]
                self.objects[objectID] = inputCentroids[col]
                self.disappeared[objectID] = 0

                # 更新以后将索引放入已更新的集合
                usedRows.add(row)
                usedCols.add(col)

            # 计算未参与更新的row和col
            unusedRows = set(range(0, D.shape[0])).difference(usedRows)
            unusedCols = set(range(0, D.shape[1])).difference(usedCols)

            # 如果距离矩阵行数大于列数，说明旧人脸数大于新人脸数
            # 有一些人脸在这帧图像中消失了
            if D.shape[0] >= D.shape[1]:
```

```
107                 # 对于没有用到的旧人脸索引
108                 for row in unusedRows:
109                     # 获取它的ID，连续消失帧数+1
110                     objectID = objectIDs[row]
111                     self.disappeared[objectID] += 1
112 
113                     # 检查连续消失帧数是否大于最大允许值，若是则注销
114                     if self.disappeared[objectID] > self.maxDisappeared:
115                         self.deregister(objectID)
116 
117             # 如果距离矩阵列数大于行数，说明新人脸数大于旧人脸数
118             # 有一些新人脸出现在了视频中，需要进行注册
119             else:
120                 for col in unusedCols:
121                     self.register(inputCentroids[col])
122 
123         # 返回追踪列表
124         return self.objects
```

在 CentroidTracker 类中，有 4 个成员函数，具体分析如下。

1. __init__

第 8 行：__init__ 构造函数接收 1 个参数 maxDisappeared，这是目标的最大连续消失帧数。当一个在跟踪列表中的目标“失踪”帧数超过这个值时，需要注销该目标。

第 13 行：初始化编号，nextObjectID 是编号计数器，每识别到一个人脸，这个编号加 1。

第 14 ~ 15 行：初始化 2 个有序字典。objects 中存储的是人脸 ID 和形心坐标，disappeared 中存储的是人脸 ID 和该人脸已经连续消失的帧数。

第 18 行：设置最大连续消失帧数。

2. register

第 20 行：register 接收参数 centroid，它是新识别到的人脸形心坐标。

第 22 ~ 23 行：在 2 个有序字典中注册新人脸的信息。

第 24 行：更新编号计数器。

3. deregister

第 26 行：deregister 接收参数 objectID，它是被认为消失的人脸编号。

第 28 ~ 29 行：在 2 个字典中注销被认为消失的人脸。

4. update

这是形心追踪算法的实现部分。

第 31 行：update 接收参数 rects，它是当前帧中识别到的人脸的外接矩形列表。

第 33 ~ 43 行：检查输入的外接矩形列表是否为空，若为空，则对所有注册的目标记一次消失，即连续消失帧数加 1，并检验其连续小时帧数是否超过最大值，若超过，则注销对应目标。由于这一帧图像中未识别到人脸，因此无须做新旧目标的匹配，直接返回跟踪列表即可。

第 46 行：对于当前帧，初始化外接矩形形心的存储矩阵，每一行存储的是一个形心坐标。

第 49 ~ 53 行：对于每一个外接矩形计算形心并存储到 inputCentroids。

第 56 ~ 58 行：如果当前追踪列表为空，则说明这些矩形都是新人脸，需要注册。

第 63 ~ 64 行：从字典中读取 ID 和对应形心坐标，建立两个 list。

第 69 行：计算全部已有人脸的形心与新图像中人脸的形心的距离，用于下一步的匹配。计算结果 D 中的每一行代表一个旧人脸形心与所有新人脸形心的距离，元素的行代表旧人脸 ID，列代表新人脸 ID。

第 75 行：第 75 行和第 79 行用于匹配新旧人脸。D.min(axis=1) 获得由 D 每一行中的最小值组成的向量，代表了距离每一个旧人脸最近的新人脸的距离。.argsort() 将这些最小值进行排序，获得由相应索引值组成的向量。最终，rows 里存储的是旧人脸的 ID，并按照最小距离从小到大排序。

第 79 行：D.argmin(axis=1) 获得每一行中的最小值的索引值，代表了距离每一个旧人脸最近的新人脸的 ID。最终，cols 里存储的是新人脸的 ID，按照 rows 排列。

注意 第 75 行和第 79 行是整段代码中比较难理解的部分，如果理解有困难的话，可以在实践的过程中掌握：

```
1 >>> from scipy.spatial import distance as dist
2 >>> import numpy as np
3 >>> np.random.seed(42)
4 >>> objectCentroids = np.random.uniform(size=(2, 2))
5 >>> centroids = np.random.uniform(size=(3, 2))
6 >>> D = dist.cdist(objectCentroids, centroids)
7 >>> D
8 array([[0.82421549, 0.32755369, 0.33198071],
9        [0.72642889, 0.72506609, 0.17058938]])
```

在这段代码中，我们随机生成了 2 个旧形心（第 4 行）和 3 个旧形心（第 5 行），并计算它们之间的欧氏距离（第 6 行）。计算结果 D 中的每一行代表一个旧人脸形心与所有新人脸形心的距离，元素的行代表旧人脸 ID，列代表新人脸 ID。

```
10    >>> D.min(axis=1)
11    array([0.32755369, 0.17058938])
12    >>> rows = D.min(axis=1).argsort()
```

```
13    >>> rows
14    array([1, 0])
```

第 10 行获取了每一行中的最小值，让我们找到和每一个旧人脸距离最近的新人脸的距离。第 12 行把这些距离按照从小到大的顺序排列，返回的是索引值，这个索引值来自 D 的行数，即旧人脸的 ID。

```
15    >>> D.argmin(axis=1)
16    array([1, 2])
17    >>> cols = D.argmin(axis=1)[rows]
18    >>> cols
19    array([2, 1])
```

第 15 行获取了每一行中最小值的对应索引，即和该行旧人脸匹配的新人脸 ID，为了和 rows 匹配，在第 17 行将它们按照 rows 排序。

```
20    >>> print(list(zip(rows, cols)))
21    [(1, 2), (0, 1)]
```

这两行代码输出了匹配结果，结合第 21 行的结果和第 8 ~ 9 行 D 的数据，可以验证结果的正确性。注意，索引从 0 开始，第 1 行中第 2 号元素最小，即 1 号旧人脸与 2 号新人脸匹配。第 0 行中第 1 号元素最小，即 0 号旧人脸与 1 号新人脸匹配。

第 82 ~ 83 行：为了防止重复更新、注册、注销等操作，设置两个集合存储已经更新过的 row 和 col。

第 86 ~ 98 行：对所有（row, col）执行相关操作，如果 row 和 col 其中之一被使用过则跳过。对跟踪列表中的所有目标，更新它们的形心坐标，并将连续消失帧数置零。操作完毕后将 row 和 col 放入集合，标记为“已使用”。

第 106 ~ 115 行：如果距离矩阵行数大于列数，说明旧人脸数大于新人脸数，即有一些人脸在这帧图像中消失了。对于没有用到的旧人脸索引，获取它的 ID，使其连续消失帧数 +1，并检查连续消失帧数是否大于最大允许值，若是则注销。

第 119 ~ 121 行：如果距离矩阵列数大于行数，说明新人脸数大于旧人脸数，即有一些新人脸出现在了视频中，需要进行注册。

第 124 行：返回注册列表，这与第 43 行是对应的。

9.2.2 人脸追踪的实现

在 object_tracker.py 中，我们通过调用 CentroidTracker 类和 DNN 人脸探测器来实现人脸追踪。当然，DNN 只是人脸探测的一种方法，除此之外还有基于 Haar 特征的级联分类器、HOG + linear SVM、SSD、Faster R-CNN 等机器学习和深度学习的方法，读者可以根据自己的掌握能力灵活使用。在这个文件中，我们需要做的工作包括如下几点。

- 从视频图像流 VideoStream 中抓取图像。
- 加载并实现 OpenCV 中的人脸检测器。
- 实例化 CentroidTracker 类，实现基于形心追踪算法的人脸跟踪。
- 在图像中绘制正在跟踪的人脸外接矩形并标号。

object_tracker.py 的具体代码如下所示。

```
#-*- coding: UTF-8 -*-
# 调用所需库
from objecttracker.centroidtracker import CentroidTracker
from imutils.video import VideoStream
from imutils.video import FPS
import numpy as np
import argparse
import imutils
import time
import cv2

# 设置参数
ap = argparse.ArgumentParser()
ap.add_argument("-p", "--prototxt", required=True,
    help="path to Caffe 'deploy' prototxt file")
ap.add_argument("-m", "--model", required=True,
    help="path to Caffe pre-trained model")
ap.add_argument("-c", "--confidence", type=float, default=0.5,
    help="minimum probability to filter weak detections")
ap.add_argument("-v", "--video", type=str,
    help="path to optinal input video file")
args = vars(ap.parse_args())

# 初始化CentroidTracker的对象，初始化图像高度与宽度
ct = CentroidTracker()
(H, W) = (None, None)

# 加载caffe模型
print("[INFO] loading model...")
net = cv2.dnn.readNetFromCaffe(args["prototxt"], args["model"])

# 如果没有提供视频文件的路径，则从摄像头中抓取图像
if not args.get("video", False):
    print("[INFO] starting video stream...")
    vs = VideoStream(src=0).start()
    time.sleep(1.0)

# 如果提供了视频文件路径，则从文件中抓取图像
else:
    vs = cv2.VideoCapture(args["video"])

# 启动帧率估计
fps = FPS().start()
```

```python

# 循环
while True:
    # 抓取下一帧，并根据视频流的来源进行调整
    frame = vs.read()
    frame = frame[1] if args.get("video", False) else frame

    # 检查视频流是否结束
    if frame is None:
        break

    # 缩放图像帧并保持长宽比
    frame = imutils.resize(frame, width=400)

    # 如果H和W为空，则赋值
    if W is None or H is None:
        (H, W) = frame.shape[:2]

    # 将图像帧传递至DNN
    # detections是DNN的识别输出结果
    # 初始化rects，rects中存储的应当是有效识别
    blob = cv2.dnn.blobFromImage(frame, 1.0, (W, H),
        (104.0, 177.0, 123.0))
    net.setInput(blob)
    detections = net.forward()
    rects = []

    # 遍历输出结果detections
    for i in range(0, detections.shape[2]):
        # 过滤掉置信度不够的识别结果
        if detections[0, 0, i, 2] > args["confidence"]:
            # 计算外接矩形的坐标，并加入rects
            box = detections[0, 0, i, 3:7] * np.array([W, H, W, H])
            rects.append(box.astype("int"))

            # 绘制外接矩形
            (startX, startY, endX, endY) = box.astype("int")
            cv2.rectangle(frame, (startX, startY), (endX, endY),
                (0, 255, 0), 2)

    # 调用CentroidTracker的函数实现形心跟踪算法
    objects = ct.update(rects)

    # 遍历追踪列表的目标
    for (objectID, centroid) in objects.items():
        # 在形心附近绘制编号
        text = "ID {}".format(objectID)
        cv2.putText(frame, text, (centroid[0] - 10, centroid[1] - 10),
            cv2.FONT_HERSHEY_SIMPLEX, 0.5, (0, 255, 0), 2)
        cv2.circle(frame, (centroid[0], centroid[1]), 4, (0, 255, 0), -1)

    # 显示图像
    cv2.imshow("Frame", frame)
```

```
97      key = cv2.waitKey(1) & 0xFF
98
99      # 按下q可以退出循环
100     if key == ord("q"):
101         break
102
103 # 停止计数器，并显示帧数
104 fps.stop()
105 print("[INFO] elasped time: {:.2f}".format(fps.elapsed()))
106 print("[INFO] approx. FPS: {:.2f}".format(fps.fps()))
107
108 # 如果我们使用的是摄像头，则释放调用
109 if not args.get("video", False):
110     vs.stop()
111
112 # 如果使用的是视频文件，则释放调用
113 else:
114     vs.release()
115
116 # 关闭所有窗口
117 cv2.destroyAllWindows()
```

分析上述代码，具体说明如下。

第 12 ~ 22 行：设置命令行参数，这些参数都与我们所使用的 DNN 人脸检测器有关。

- --prototxt：Caffe 模型检测时需要的文件路径。
- --model：训练好的 Caffe 模型路径。
- --confidence：筛选 DNN 识别结果时使用的置信度阈值，默认 0.5。
- --video：视频文件路径。

注意　这里使用的 prototxt 和 model 文件都是由 OpenCV 官方提供的。

第 25 行：实例化 CentroidTracker 类。

第 26 行：初始化图像高度 H 和宽度 W。

第 29 ~ 30 行：加载 Caffe 模型。

第 33 ~ 40 行：如果在命令行参数中没有提供视频文件的路径，则从摄像头中抓取图像。如果提供了视频文件路径，则从所提供文件中抓取图像。

第 43 行：启动帧率计算。

第 46 行：开始循环。

第 48 ~ 49 行：从视频流中读取图像。如果图像来源是摄像头，则只读取第一帧，代表当前图像。如果图像来源是视频文件，则按照视频流的输入读取。

第 52 ~ 53 行：如果视频流终止，则跳出循环。

第 65 ~ 68 行：将抓取到的图像输入 DNN，识别结果存放在 detections 中。但是这部

分识别结果需要过滤才能使用。

第 69 行：初始化可靠识别结果 rects。

第 74 ~ 77 行：通过置信度阈值，过滤掉不符合要求的结果，并将结果添加在 rects 中。

第 80 ~ 82 行：绘制外接矩形。

第 88 ~ 93 行：为每一个跟踪对象附近形心标上 ID。

第 96 ~ 97 行：显示图像。

第 100 ~ 101 行：按下 q 键可以退出循环。

第 103 ~ 117 行：显示时间与帧数，并释放视频源，关闭窗口。

至此，基于形心追踪算法的人脸追踪的 Python 实现就完成了。

9.3 测试人脸跟踪效果

下面我们通过一个简单测试，验证人脸追踪的效果。

9.3.1 测试效果

在代码文件路径下打开终端，执行命令：

```
$ python object_tracker.py --prototxt deploy.prototxt --model res10_300x300_ssd_
iter_140000.caffemodel --video video/test.mp4
```

效果如图 9-1 所示。

图 9-1 测试结果示意图

也可以不输入 --video 参数，这样可以通过网络摄像头进行测试。

9.3.2 缺陷与不足

对于我们的追踪算法，有以下两点明显的不足之处：

1）我们的目标追踪需要对每一帧图像做一次目标识别。对于速度较快的识别器，如基于 Haar 特征的级联分类器，这并没有什么问题，但是要注意，越快的算法一般来说识别质量越差。对于一些速度较慢的目标识别器，如 HOG + Linear SVM 或者深度学习的方法，尤其是当你需要在计算资源有限的设备上运行时，跟踪效果会因为识别器的高时间复杂度大打折扣。

2）形心追踪算法是建立在“所有目标在相邻帧的位移相对于各个目标之间的距离来说都是小量”的假设基础上的。我们追踪的目标都是三维世界中的目标，当它们在二维图像中重叠时，就很容易发生目标编号错乱的情况，这是因为我们在计算距离时使用的是欧氏距离而没有引入别的信息。对于一些很先进的算法，目标重叠对于跟踪效果的影响也是难以解决的。

9.4 本章小结

在本章中，我们利用 OpenCV 和 Python 实现了基于形心追踪算法的人脸追踪器，其中，形心追踪算法的主要原理为：

1）接收人脸探测器的识别结果（人脸外接矩形）。
2）计算新图像与旧图像中各矩形形心的欧氏距离。
3）根据目标在相邻帧的位移很小的原理，匹配新旧形心，并更新人脸的形心位置。
4）根据需求设置最大连续消失帧数，完善注销机制。

我们所使用的形心追踪算法有两个显著的不足：

1）需要对每一帧图像做一次人脸识别，对计算资源消耗大，影响追踪效果，请在树莓派 4 上进行试验，可能会取得比较好的效果。
2）对于重叠的目标鲁棒性较差。

即使基于形心追踪算法的人脸追踪器有一些不足，但是在较为可控的环境中，在计算能力较好的设备上运行时，它依然具有很好的性能。

Chapter 10 第10章

人脸追踪安防摄像头

本章我们来学习搭配树莓派的 GPIO 端口连接舵机，使得树莓派摄像头具备始终追踪图像中人脸的功能，实现摄像头人脸跟随这样的现实场景。

10.1 总体设计思路

顾名思义，人脸追踪摄像头的目标是使摄像头始终对准视野中的人脸，这一功能的实现需要将人脸识别算法与运动控制算法结合在一起。如图 10-1 所示，本篇教程将树莓派作为控制核心，利用 OpenCV 中的人脸识别功能，通过 PID 方法控制二自由度云台，从而使摄像头达到人脸追踪的目的。

10.1.1 硬件组装清单

需要的硬件清单如下，其组装示意图如图 10-2 所示。

- **树莓派**：使用树莓派 2B 以上版本即可，最好安装 strench 系统。
- **二自由度云台**：二自由度云台由两个 9g 舵机及相应的支架构成，它控制摄像头的姿态角（欧拉角）。我们借用航空中的姿态描述方法偏航（yaw）、俯仰（pitch）、翻滚（roll）来描述这个云台。底层的舵机控制摄像头的偏航，通俗来讲就是水平面内的旋转。上层的舵机控制摄像头的俯仰，通俗说就是竖直面内的旋转。这是一个二自由度的云台，所以我们没有使用翻滚，仅控制摄像头的偏航和俯仰就可以实现追踪功能。其中，控制偏航的一级舵机的信号线接在 GPIO 19，控制俯仰的二级舵机的信号线接在 GPIO 16。

- **摄像头**：USB 摄像头或者 CSI 摄像头。
- **5V，2.5A 的电源**：使用 Micro-USB 手机充电器即可。
- **HDMI 显示屏、键盘、鼠标（选用）**：如果手头拥有 HDMI 显示屏以及一套键鼠设备，可以很方便地登录树莓派的图形界面，树莓派最高可提供 1920×1080 的高清分辨率。如果没有这些外设，采用 VNCviewer 远程登录树莓派界面也是很方便的选择。

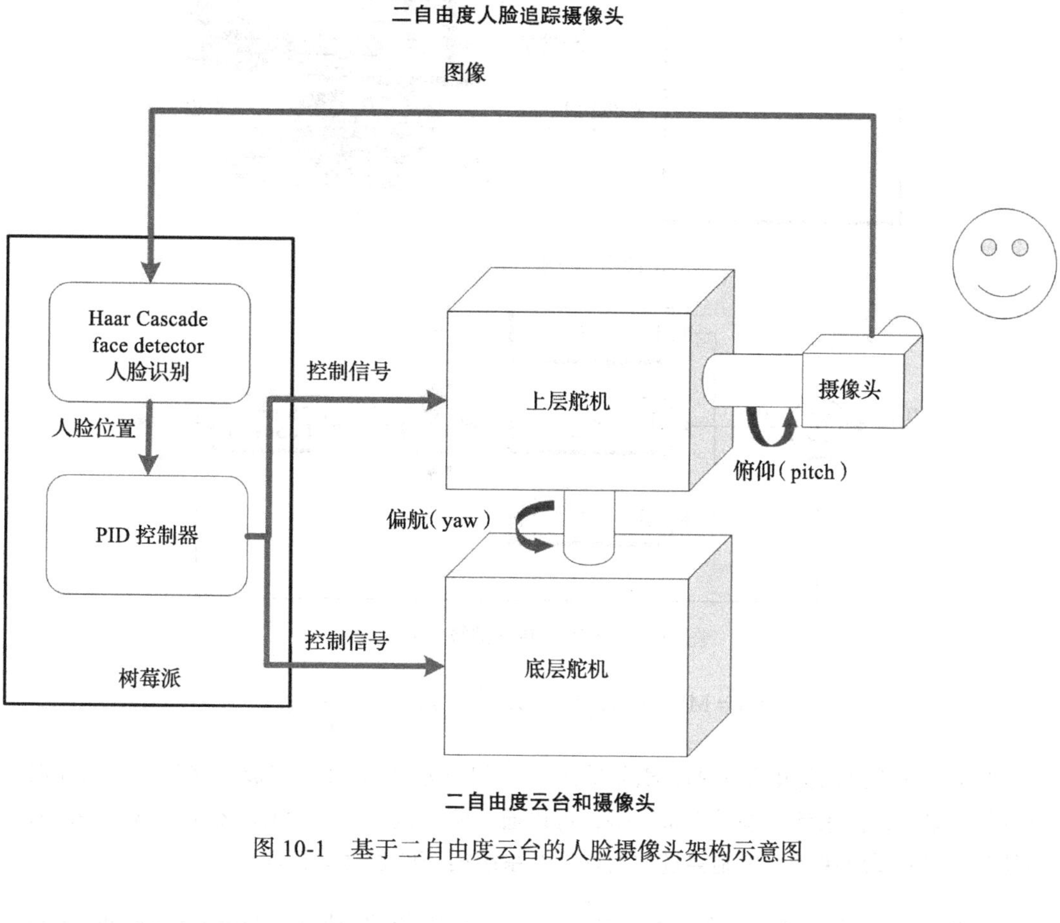

图 10-1　基于二自由度云台的人脸摄像头架构示意图

10.1.2　PID 控制反馈算法

PID 控制器（比例 – 积分 – 微分控制器）是一个在工业控制应用中常见的反馈回路部件。这个控制器会将其收集到的数据与一个参考值进行比较，然后把这个差别用于计算新的输入值，这个新的输入值的目的是可以让系统的数据达到或者保持在参考值范围内。PID 控制器可以根据历史数据和差别的出现率来调整输入值，使系统更加准确而稳定。PID 控制反馈算法公式示意图如图 10-3 所示，公式如下所示。

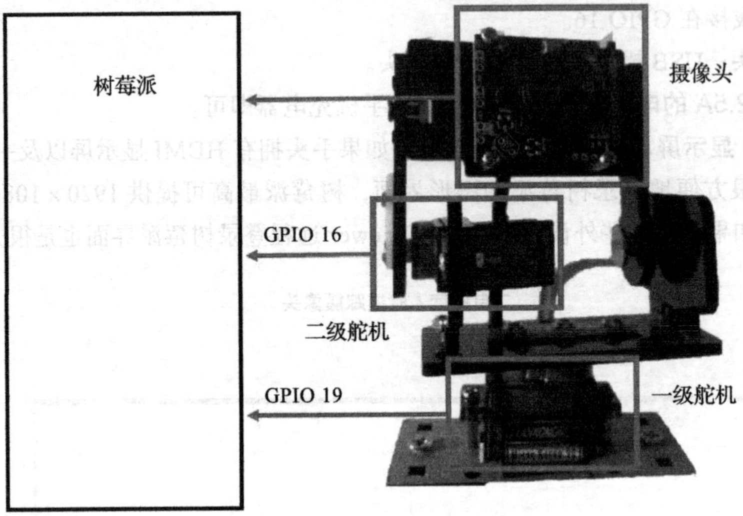

图 10-2　各硬件组装示意图

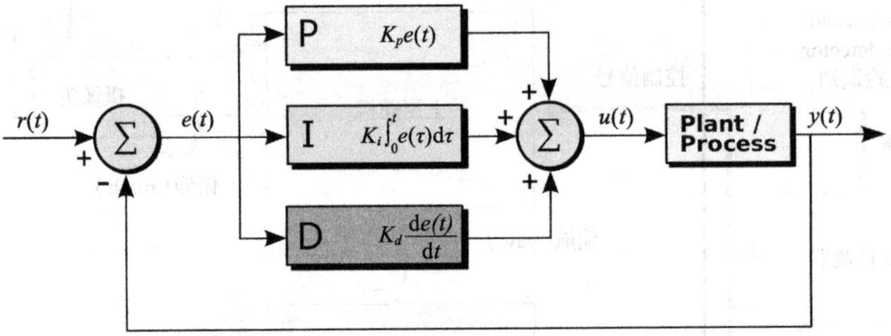

图 10-3　PID 控制反馈算法示意图

$$u(t)=\mathrm{MV}(t)=K_p e(t)+K_i\int_0^t e(\tau)\mathrm{d}\tau+K_d\frac{\mathrm{d}}{\mathrm{d}t}e(t)$$

PID 控制器由比例单元（P）、积分单元（I）和微分单元（D）组成，这三个单元分别对应目前误差、过去累计误差及未来误差，可以通过调整这三个单元的增益 K_p、K_i 和 K_d 来调整其对误差的反应快慢、控制器过冲的程度及系统震荡的程度等特性。

如果想更深入地理解 PID 控制，请参见其相关地址（https://www.zhihu.com/question/23088613）了解更多内容。

10.1.3　人脸识别算法：基于 Haar 特征的级联分类器

参考 OpenCV 的官方文档[⊖]，在这里对我们所使用的人脸识别算法做一个简单的介绍。

⊖ 官方文档地址为 https://docs.opencv.org/3.4.1/d7/d8b/tutorial_py_face_detection.html。

使用基于 Haar 特征的级联分类器的对象检测是 Paul Viola 和 Michael Jones 在 2001 年发表的论文 *Rapid Object Detection Using a Boosted Cascade of Simple Features* 中提出的有效的对象检测方法，它是一种基于机器学习的方法。级联分类器是通过许多正图像（含被检测对象的图像）和负图像（不含被检测对象的图像）的样本训练出来的，训练完成后用于检测新图像中的对象。

在我们的项目中，我们将用它来做人脸检测器。在训练的时候，需要很多正图像（含人脸的图像）和负图像（不含人脸的图像），并在这些图像中提取与人脸有关的特征。为此，我们使用下面的 Haar 特征[㊀]，它们就像卷积核一样，每个特征的值是由黑色块下的像素之和减去白色块下的像素之和得到的，如图 10-4 所示。

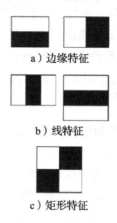

a）边缘特征

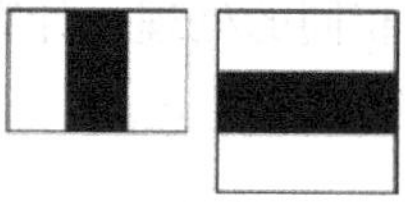

b）线特征

c）矩形特征

图 10-4　基于 Haar 特征的级联分类器

如果我们对一张图像的一个 24×24 窗口做特征检测，那么这里可能会产生超过 160000 种特征，对于每一种特征，我们都要计算黑白色块下的像素之和，这将产生很大的计算量。因此，两位作者提出了一种积分图像的方法，让每一次计算都简化成对 4 个像素格子的计算，大大减少了运算量，也让算法的时间复杂度降低了不少。

在众多的特征中，很多特征的适应性不强，也就是说它们只能检测人脸一小部分的特征。比如图 10-5 的第一行图中列出了 2 个特征，第 1 个特征利用了人的眼睛会比其周围脸颊和鼻子的区域更暗一些的性质，第 2 个特征利用了人的眼睛比鼻梁更暗一些的性质。但是当我们的检测窗口移动到脸颊等部位时，对这两个特征的检测就失效了。那么我们应当如何在 160000 个特征中挑选出最好的一些特征呢？ Adaboost[㊁]帮我们完成了任务。

㊀　更多内容请参见 https://en.wikipedia.org/wiki/Haar-like_feature。

㊁　更多内容可参见 https://en.wikipedia.org/wiki/AdaBoost。

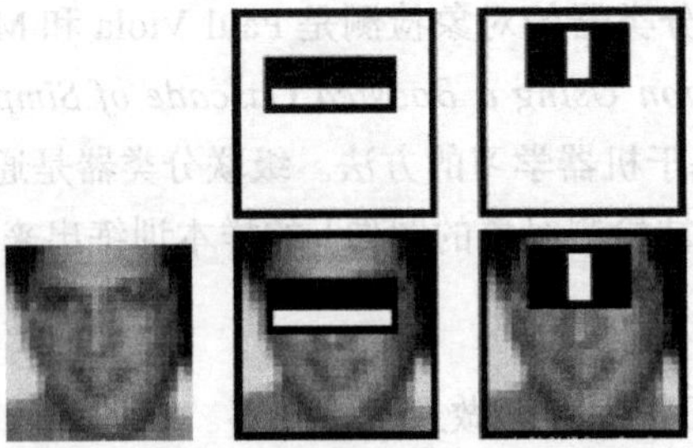

图 10-5 使用 Adaboost 挑选特征

为此，我们在所有训练图像上应用每个特征。对于每个特征，Adaboost 会找到一个将图像分为正图像和负图像的最佳阈值。显然，这会出现错误或错误分类。我们选择具有最小错误率的特征，这意味着它们是最准确的对面部和非面部图像进行分类的特征。当然，分类的过程并不像这样简单。每个图像在开始时被给予了相同的权重。在每次分类之后，错误分类图像的权重增加，然后进行相同的处理，计算新的错误率和新的权重，继续处理，直到达到所需的精度或找到所需的特征数量为止。

最终的分类器是这些弱分类器的加权和。之所以称为弱，是因为它不能单独对图像进行分类，需要和其他特征一起形成一个强大的分类器。论文中提到，即使是 200 种特征用来检测也只能提供 95% 的检测精度，两位作者的最终设置有大约 6000 个特征。想象一下，从 160000 多个功能减少到 6000 个功能，这是很大的工作量。

现在，我们读取一张图片，对于每一个 24 × 24 窗口，依次检查 6000 个特征来确认它是不是人脸。这也是很费时、费力的工作，作者提供了级联分类器的方法，有效解决了这个问题。

在图像中，大部分图像区域是非面部区域。因此，检查窗口选择不是面部区域是一个更好的主意。如果不是面部区域，请一次丢弃，不要再处理。这样就可以将关注的重点放在可能有面孔的区域，同时花费更多时间检查可能的面部区域。为此，Paul 和 Michael 引入了级联分类器的概念。我们不是在窗口上应用所有 6000 个特征，而是分组到不同的分类器阶段并逐个应用（通常前几个分类器将包含很少但是检测效果很好的特征）。如果窗口在第一阶段失败，则将其丢弃不再考虑其余的特征。如果通过，则应用第二阶段分类器并继续该过程。通过所有阶段的窗口时，则被认为是面部区域。

这种探测器具有 6000 多个特征，组成了 38 个分类器阶段，在前 5 个阶段具有 1 个、10 个、25 个、25 个和 50 个特征（图 10-5 中的两个特征实际上是 Adaboost 中最好的两个特征）。

OpenCV 已经包含许多面部、眼睛、微笑等预先训练的分类器。这些 XML 文件存储在 opencv/data/haarcascades/ 文件夹中。

10.2　软件环境准备

完成这个项目需要在树莓派上安装下列软件包：

- OpenCV（OpenCV 3 即可）
- smbus
- gpiozero
- imutils
- picamera 或 fswebcam

安装 OpenCV 的过程不再赘述，建议安装在虚拟环境中。

10.2.1　将 smbus 安装在 py3cv3 环境中

执行下列语句安装 smbus：

```
# 第一行命令可用 $ cdsitepackages 代替
$ cd ~/.virtualenvs/py3cv3/lib/python3.5/site-packages/
$ ln -s /usr/lib/python3/dist-packages/smbus.cpython-35m-arm-linux-gnueabihf.so smbus.so
```

10.2.2　打开树莓派的 Camera 接口并安装驱动

通过下面语句打开树莓派的设置界面，界面如图 10-6 所示。

```
$ sudo raspi-config
```

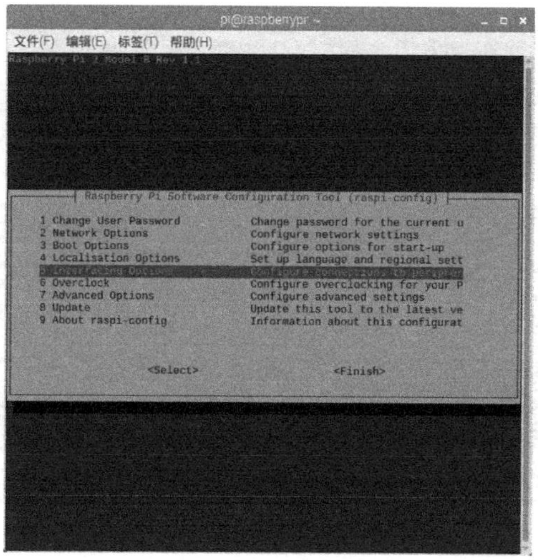

图 10-6　树莓派设置界面

在 interfaces 中打开 Camera 接口，如图 10-7 所示，之后系统可能会要求重启。

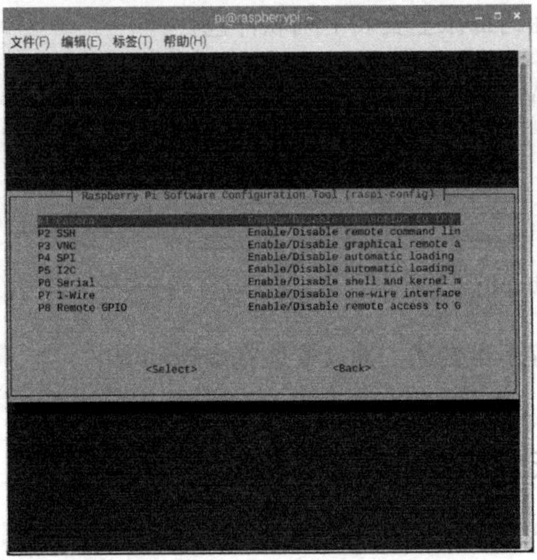

图 10-7　打开 Camera 接口

如果使用的是 CSI 摄像头，则安装 picamera。如果使用的是 USB 摄像头，则安装 fswebcam。在终端中执行下列语句：

```
# CSI
$ pip install "picamera[array]"
# USB
$ sudo apt-get install fswebcam
```

安装过程如图 10-8 所示。

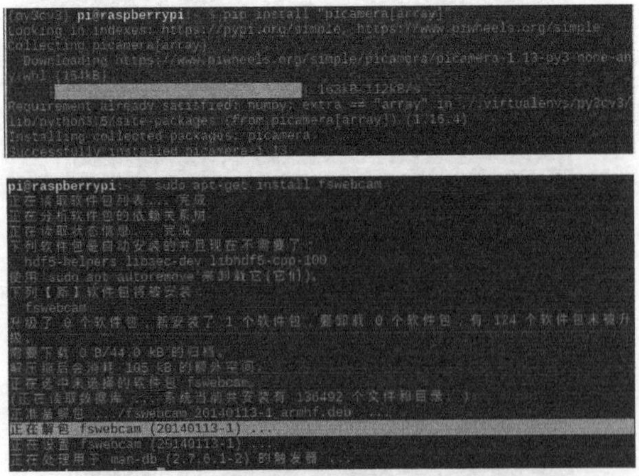

图 10-8　摄像头安装过程示意图

10.2.3　安装 gpiozero

gpiozero 是我们使用的舵机驱动包，在虚拟环境中安装时首先要安装它的一个依赖包 rpi.gpio，终端中执行下列语句，如图 10-9 所示。

```
$ pip install rpi.gpio
$ pip install gpiozero
```

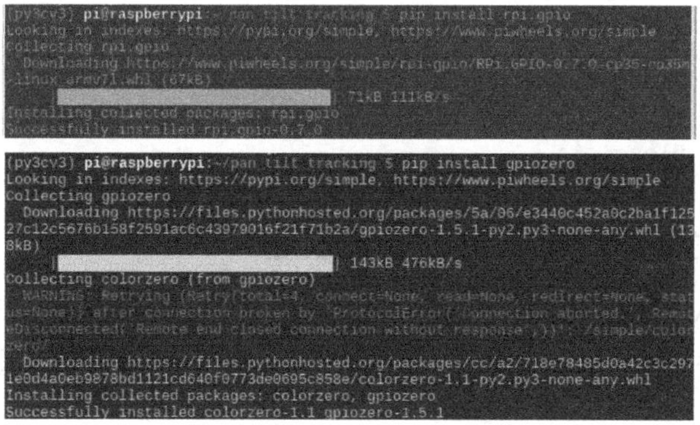

图 10-9　安装 gpiozero 的依赖包

10.2.4　安装 imutils

在 py3cv3 中安装 imutils 软件包，执行终端中下列语句，如图 10-10 所示。

```
$ workon py3cv3
$ pip install --updgrade imutils
```

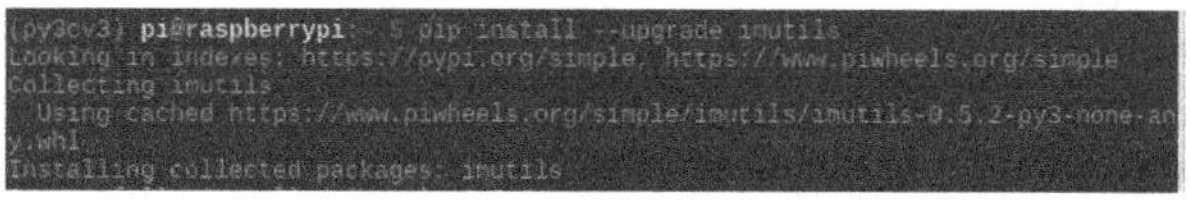

图 10-10　安装 imutils

至此所需的软件包都安装完成。

10.3　编写代码

这一节我们将具体讲解人脸追踪的实现代码。

10.3.1 项目结构

首先来看下最终完成之后的代码结构，如下所示：

```
$ tree --dirsfirst
.
├── pantilt
│   ├── __init__.py
│   ├── objcenter.py
│   └── pid.py
├── haarcascade_frontalface_default.xml
└── pan_tilt_tracking.py

1 directory, 5 files
```

10.3.2 实时调节反馈机制：PID Controller

目录下的 pid.py 实现了 PID 控制器，它的主要功能是根据人脸位置（测量值）与摄像头位置（控制量）的偏差，通过 PID 原理计算舵机的输出角，其源代码及解读如下。

```
#-*- coding: UTF-8 -*-
# 调用必需库
import time

class PID:
def __init__(self, kP=1, kI=0, kD=0):
    # 初始化参数
    self.kP = kP
    self.kI = kI
    self.kD = kD

def initialize(self):
    # 初始化当前时间和上一次计算的时间
    self.currTime = time.time()
    self.prevTime = self.currTime

    # 初始化上一次计算的误差
    self.prevError = 0

    # 初始化误差的比例值，积分值和微分值
    self.cP = 0
    self.cI = 0
    self.cD = 0

def update(self, error, sleep=0.2):
    # 暂停
    time.sleep(sleep)

    # 获取当前时间并计算时间差
    self.currTime = time.time()
    deltaTime = self.currTime - self.prevTime
```

```
32
33         # 计算误差的微分
34         deltaError = error - self.prevError
35
36         # 比例项
37         self.cP = error
38
39         # 积分项
40         self.cI += error * deltaTime
41
42         # 微分项
43         self.cD = (deltaError / deltaTime) if deltaTime > 0 else 0
44
45         # 保存时间和误差为下次更新做准备
46         self.prevTime = self.currTime
47         self.prevError = error
48
49         # 返回输出值
50         return sum([
51             self.kP * self.cP,
52             self.kI * self.cI,
53             self.kD * self.cD])
```

分析上述代码，具体说明如下。

第 3 行：使用 Python 实现 PID 控制不需要复杂的数学库，但是需要调用 time。

第 5 行：通过创建一个 PID 类来实现 PID 控制器，这个类包含了三个函数，具体说明如下。

1. __init__

第 6 ~ 10 行：__init__ 构造函数接收 3 个参数，分别是 kP、kI、kD，同时也相应定义了 3 个成员变量。kP、kI、kD 作为成员变量，代表的是 PID 控制器中比例环节、积分环节、微分环节中的系数 K_p，K_i，K_d，也是我们在后期主要调试的参数。

2. initialize

initialize 函数虽然也是用作初始化，本应该写在 __init__ 中。但是在 initialize 中定义和初始化的变量都是我们在调试和工作中需要经常重置的，因此单独写一个初始化函数是有必要的。

第 14 ~ 15 行：定义了当前时间 currTime 和上一次的时间 prevTime，主要用于计算 PID 的一个反馈周期时间。

第 18 行：定义了上一个周期内的误差 prevError，主要用于计算误差的微分。

第 21 ~ 23 行：定义了 cP、cI、cD 3 个参数，分别对应 PID 控制中误差的比例项、积分项和微分项。

3. update

update 函数有两个参数，error 和 sleep，分别代表当前误差值和暂停时间，返回的是舵机的转角。update 是这个 PID 控制器的关键，在执行时将被重复调用。

第 27 行：使程序暂停一段时间，这样可以防止因更新过快导致舵机响应过快。改变暂停的时长 sleep 可以调整更新的速度，但是需要根据经验以及软硬件的一些实际参数来确定，这里设置默认值为 0.2s，在实际过程中，我们需要调试这一参数。

第 30 ~ 31 行：计算时间差，或者说时间的微分 deltaTime。这里为什么不认为时间差就是 sleep 呢？因为我们在实际过程中无法精准控制暂停时间。

第 34 行：计算误差的微分 deltaError。

第 36 ~ 43 行：计算 PID 控制器中误差的比例项、积分项和微分项。其中，积分与微分都采用了数值法来计算。

第 46 ~ 47 行：更新 currTime 和 error，为下次更新做准备。

第 50 ~ 53 行：返回输出给舵机的控制量，这一值为：

$$u(t) = kP \times cP + kI \times cI + kD \times cD$$

至此，PID 控制器就搭建好了。

10.3.3 在视频中检测到人脸

目录下的 objcenter.py 中实现了人脸探测功能，其源码及解读如下：

```
#-*- coding: UTF-8 -*-
# 调用必需库
import imutils
import cv2

class ObjCenter:
def __init__(self, haarPath):
    # 加载人脸探测器
    self.detector = cv2.CascadeClassifier(haarPath)

def update(self, frame, frameCenter):
    # 将图像转为灰度图
    gray = cv2.cvtColor(frame, cv2.COLOR_BGR2GRAY)

    # 探测图像中的所有人脸
    rects = self.detector.detectMultiScale(gray, scaleFactor=1.05,
        minNeighbors=9, minSize=(30, 30),
        flags=cv2.CASCADE_SCALE_IMAGE)
```

```
19
20      # 是否检测到人脸
21      if len(rects) > 0:
22          # 获取矩形的参数
23          # x,y为左上角点坐标, w,h为宽度和高度
24          # 计算图像中心
25          (x, y, w, h) = rects[0]
26          faceX = int(x + (w / 2.0))
27          faceY = int(y + (h / 2.0))
28
29          # 返回人脸中心
30          return ((faceX, faceY), rects[0])
31
32      # 如果没有识别到人脸, 返回图像中心
33      return (frameCenter, None)
```

分析上述代码，具体说明如下。

第 3 ~ 4 行：调用了所需的库 cv2、imutils。

第 6 行：定义了 ObjCenter 类来实现功能，这个类包括了两个函数，具体说明如下。

1. __init__

第 7 行：构造函数只有一个参数 haarPath，是训练好的 Haar 分类器的文件路径。

第 9 行：类中定义的人脸检测器 detector 初始化。

2. update

update 函数用于从图像中识别出人脸并计算人脸的中心，它接收两个参数，frame 是摄像头的一帧图像，frameCenter 是图像的中心。

第 13 行：将 frame 转化为灰度图 gray。

第 16 ~ 18 行：调用人脸检测方法 detectMultiScale，该函数将人脸的外接矩形返回到 rects 中。

第 21 ~ 30 行：如果存在人脸，即 rects 的长度大于零，则计算该外接矩形的中心。第 25 行中的 x、y、w、h 分别是矩形左上角点的横坐标、纵坐标以及矩形的宽度和高度。第 26 ~ 27 行计算人脸外接矩形的中心 faceX 和 faceY，其原理不难理解。第 30 行返回人脸中心和人脸外接矩形。

值得注意的是，这里我们隐含了一个假设，即画面中只有一个人脸。

第 33 行：如果未找到人脸，则返回当前图像的中心，此时舵机将保持在当前位置。

至此，实现了人脸探测功能。

10.3.4 使用 GPIOZERO 进行舵机控制

之前实现的 PID 控制器和人脸识别功能都是为了实现对舵机转角的控制，控制舵机的代码在 pan_tilt_tracking.py 中，这一部分也是整个二自由度人脸追踪摄像头的核心部分，将会用到多线程编程，其源码及解读如下：

```
#-*- coding: UTF-8 -*-
# 调用必需库
from multiprocessing import Manager
from multiprocessing import Process
from imutils.video import VideoStream
from pantilt.objcenter import ObjCenter
from pantilt.pid import PID
from gpiozero import AngularServo
import argparse
import signal
import time
import sys
import cv2

# 定义舵机
pan = AngularServo(19, min_angle=-90, max_angle=90, min_pulse_width=0.5/1000,
    max_pulse_width=2.5/1000)
tilt = AngularServo(16, min_angle=-90, max_angle=90, min_pulse_width=0.5/1000,
    max_pulse_width=2.5/1000)

# 键盘终止函数
def signal_handler(sig, frame):
    # 输出状态信息
    print("[INFO] You pressed `ctrl + c`! Exiting...")

    # 关闭舵机
    pan.detach()
    tilt.detach()

    # 退出
    sys.exit()

def obj_center(args, objX, objY, centerX, centerY):
    # ctrl+c退出进程
    signal.signal(signal.SIGINT, signal_handler)

    # 启动视频流并缓冲
    vs = VideoStream(usePiCamera=True).start()
    #vs = VideoStream(src=0).start()
    time.sleep(2.0)

    # 初始化人脸中心探测器
    obj = ObjCenter(args["cascade"])

    # 进入循环
```

```
    while True:

        # 从视频流抓取图像并旋转
        frame = vs.read()
        frame = cv2.flip(frame, 0)

        # 找到图像中心
        (H, W) = frame.shape[:2]
        centerX.value = W // 2
        centerY.value = H // 2

        # 找到人脸中心
        objectLoc = obj.update(frame, (centerX.value, centerY.value))
        ((objX.value, objY.value), rect) = objectLoc

        # 绘制人脸外界矩形
        if rect is not None:
            (x, y, w, h) = rect
            cv2.rectangle(frame, (x, y), (x + w, y + h), (0, 255, 0), 2)

        # 显示图像
        cv2.imshow("Pan-Tilt Face Tracking", frame)
        cv2.waitKey(1)

def pid_process(output, p, i, d, objCoord, centerCoord):
    # ctrl+c退出进程
    signal.signal(signal.SIGINT, signal_handler)

    # 创建一个PID类的对象并初始化
    p = PID(p.value, i.value, d.value)
    p.initialize()

    # 进入循环
    while True:
        # 计算误差
        error = centerCoord.value - objCoord.value

        # 更新输出值
        output.value = p.update(error)

def set_servos(panAngle, tiltAngle):
    # ctrl+c退出进程
    signal.signal(signal.SIGINT, signal_handler)

    # 进入循环
    while True:
        # 偏角变号
        yaw = -1 * panAngle.value
        pitch = -1 * tiltAngle.value

        # 设置舵机偏角
        pan.angle = yaw
        tilt.angle = pitch
```

```


# 启动主程序
if __name__ == "__main__":
    # 建立语法分析器
    ap = argparse.ArgumentParser()
    ap.add_argument("-c", "--cascade", type=str, required=True, help="path to input Haar cascade for face detection")
    args = vars(ap.parse_args())

    # 启动多进程变量管理
    with Manager() as manager:
        # 舵机角度置零
        pan.angle = 0;
        tilt.angle = 0;

        # 为图像中心坐标赋初值
        centerX = manager.Value("i", 0)
        centerY = manager.Value("i", 0)

        # 为人脸中心坐标赋初值
        objX = manager.Value("i", 0)
        objY = manager.Value("i", 0)

        # panAngle和tiltAngle分别是2个舵机的PID控制输出量
            panAngle = manager.Value("i", 0)
        tiltAngle = manager.Value("i", 0)

        # 设置一级舵机的PID参数
        panP = manager.Value("f", 0.09)
        panI = manager.Value("f", 0.08)
        panD = manager.Value("f", 0.002)

        # 设置二级舵机的PID参数
        tiltP = manager.Value("f", 0.11)
        tiltI = manager.Value("f", 0.10)
        tiltD = manager.Value("f", 0.002)

        # 创建4个独立进程
        # 1. objectCenter  - 探测人脸
        # 2. panning       - 对一级舵机进行PID控制，控制偏航角
        # 3. tilting       - 对二级舵机进行PID控制，控制俯仰角
        # 4. setServos     - 根据PID控制的输出驱动舵机
        #
        processObjectCenter = Process(target=obj_center,args=(args, objX, objY, centerX, centerY))
        processPanning = Process(target=pid_process,args=(panAngle, panP, panI, panD, objX, centerX))
        processTilting = Process(target=pid_process,args=(tiltAngle, tiltP, tiltI, tiltD, objY, centerY))
        processSetServos = Process(target=set_servos, args=(panAngle, tiltAngle))

        # 开启4个进程
```

```
146         processObjectCenter.start()
147         processPanning.start()
148         processTilting.start()
149         processSetServos.start()
150
151         # 添加4个进程
152         processObjectCenter.join()
153         processPanning.join()
154         processTilting.join()
155         processSetServos.join()
156
157         # 关闭舵机
158         pan.detach()
159         tilt.detach()
```

分析上述代码，具体说明如下。

第 3 ~ 13 行：调用了几个需要用到的库。

- Process 和 Manager 用于多线程编程以及变量共享。
- VideoStream 用于从视频中截取单帧图像。
- ObjCenter 和 PID 是我们之前完成的人脸识别模块和 PID 控制器。
- gpiozero 是舵机的底层控制包。

第 16 ~ 17 行：定义了 2 个舵机，根据这里的定义，一级舵机的信号线要接在 GPIO 19，二级舵机的信号线要接在 GPIO 16，在 pan_tilt_track.py 中，定义了 4 个函数，具体说明如下。

1. signal_handler

有很多种方法可以终止一个进程，这里我们使用了 signal_handler 的方法。这是一个在后台运行的线程，当接收到一个信号时便终止整个进程。它有两个参数，sig 和 frame，sig 就是外部输入的终止信号（通常是 ctrl+c），frame 不是视频中的一帧图像，而是应用帧。我们需要在每一个进程里都调用 signal_handler。

第 22 行：在终端上输出当前的状态信息。

第 25 ~ 26 行：停止舵机。

第 29 行：退出程序。

2. obj_center

这个函数将创建一个 ObjCenter 类的对象来实现人脸的识别。它有 5 个参数。

- args：是我们在终端中输入的参数，应当是训练好的 Haar 分类器文件的路径，将用于创建对象。
- objX、objY：是我们即将计算的人脸的中心坐标。这是一对需要在进程间共享的变量，所以在这里作为参数输入。
- centerX、centerY：与上同理，是当前图像帧的中心坐标。

第 33 行：调用 signal_handler 线程。

第 37 ~ 38 行：启动摄像头 VideoStream，并使之缓冲 2 秒钟。若使用 picamera，则取消 36 行的 #，并屏蔽 37 行。

第 40 行：创建一个 ObjCenter 类的对象 obj，并将参数传递到它的构造函数。

第 43 行：进程进入无限循环，只有按下 ctrl+c 触发 signal_handler 才能使循环停止。

第 46 ~ 47 行：从视频的图像流中截取一帧图像并旋转。

第 51 ~ 53 行：读取图像的宽度和高度，并据此计算图像的中心 centerX 和 centerY。这里使用了 .value 来赋值，这是用 `Manager 模块来满足进程间变量共享的需要。

第 56 ~ 57 行：调用 ObjCenter 类的 update 成员函数。我们可以回看一下 update 的定义，就可以知道为什么这里将 centerX 和 centerY 也作为函数的参数了。

第 60 ~ 66 行：在图像上绘制人脸的外接矩形并显示。

3. pid_process

这个函数将创建一个 PID 控制的进程来对舵机进行控制，PID 控制器的创建工作已经在之前的 PID 类中完成了，所以这一部分会显得比较简单。由于有两个舵机，所以这个函数在实际使用时会被调用两次。它有 6 个参数。

- output：是经过 PID 控制器计算后的舵机输出角度。
- P、I、D：PID 控制器中的常数 K_p、K_i、K_d。
- objCorrd：人脸中心的坐标。对于控制偏航的一级舵机来说，这里应当是人脸中心的 X 坐标。对于控制俯仰的二级舵机来说，这里应当是人脸中心的 Y 坐标。
- centerCorrd：图像中心的坐标。对于控制偏航的一级舵机来说，这里应当是图像中心的 X 坐标。对于控制俯仰的二级舵机来说，这里应当是图像中心的 Y 坐标。

第 70 行：调用 signal_handler 线程。

第 73 ~ 74 行：创建一个 PID 类的对象 p，并对其初始化。

第 77 行：进程进入无限循环，只有按下 ctrl+c 触发 signal_handler 才能使循环停止。

第 79 行：图像的中心坐标代表摄像头的位置（PID 控制中的控制量），人脸的中心坐标代表摄像头应该到的位置（PID 控制中的目标量），二者之差就是 PID 控制中的误差了。

第 82 行：计算输出值。

4. set_servos

set_servos 是我们最后一个要运行的进程，它接收两个参数，pan 和 tilt，分别表示 PID 控制器输出的一级舵机转角和二级舵机转角。

第 86 行：调用 signal_handler 线程。

第 89 行：进程进入无限循环，只有按下 ctrl+c 触发 signal_handler 才能使循环停止。

第 91 ~ 92 行：为了匹配硬件和 PID 控制器，将两个转角取反以后再输出给舵机，这里可以根据自己的硬件进行调试。

第 95 ~ 96 行：调用 gpiozero 中的函数将角度输出给一级舵机和二级舵机。

接下来就是整个二自由度人脸跟随摄像头的主函数了，由于我们之前已经将代码封装好了，所以主函数的内容与逻辑都比较简洁明了。

第 102 ~ 104 行：对命令行参数进行解析，我们只有一个参数，是训练好的 Haar 人脸分类器的路径。

第 107 行：启动多进程管理器。

第 109 ~ 110 行：舵机角度置零。

第 113 ~ 114 行：图像中心坐标 centerX 和 centerY 的数据类型是整型数（integer），并赋初值 0。

第 117 ~ 118 行：人脸中心坐标 objX 和 objY 的数据类型是整型数（integer），并赋初值 0。

第 121 ~ 122 行：两个舵机的转角 panAngle 和 tiltAngle 的数据类型是整型数（integer），并赋初值 0。

第 124 ~ 132 行：为两个 PID 控制器的参数 K_p、K_i、K_d 赋值。

注意　这里的 PID 参数都是经过调试后的值，我们在下文中将会介绍如何调试 PID 参数，对于新手来说，建议这里赋值为 0。

第 140 ~ 143 行：创建 4 个进程，并在进程间共享参数。

- objectCenter：探测人脸。
- panning：对一级舵机进行 PID 控制，控制偏航角。
- tilting：对二级舵机进行 PID 控制，控制俯仰角。
- setServos：根据 PID 控制的输出驱动舵机。

第 152 ~ 155 行：启动进程。只有按下 ctrl+c 触发 signal_handler 才能使进程停止。

第 158 ~ 159 行：在进程结束后关闭舵机。

至此，所有需要的代码就完成了，接下来调试 PID 参数，然后开动我们的摄像头吧！

10.4 使用 PID 调节二自由度云台

下面我们结合实例使用 PID 调节二自由度云台，实现对人脸的追踪。

10.4.1 PID 参数调试

在了解了代码之后，接下来将是整个流程中最耗费精力的一步了，我们需要人工调节 2 个舵机 PID 控制器的 kP、kI、kD 参数了。调参的目的是让二自由度云台更快、更稳地完成运动，不出现过调、过阻尼、颤抖等现象。在调节之前，我们再来回顾一下 PID 控制中比例项、积分项、微分项各自的意义。

- P（比例项）：当前误差。
- I（积分项）：过去误差的总结。
- D（微分项）：未来误差的预测。

PID 参数需要根据具体的硬件来调试，也就是说，控制不同的硬件需要用到不同的 PID 参数，甚至对于同一个硬件，不同时间段的 PID 参数都不一样。此外，PID 的参数没有绝对正确的说法，只能依照我们对于"理想控制"的想象来决定当前的参数是否合适。所以说，调节 PID 参数是一件很费时、费力的工作。人们根据经验，也总结出了很多种调参的方法和套路，比如我们要用到的齐格勒 – 尼科尔斯调节法则，它由以下几步组成。

1）将 kP、kI 和 kD 置零。

2）从 0 开始增加 kP 直到舵机开始振荡（开始大幅度地摇摆）。然后将 kP 的值设为当前值的一半。

3）从 0 开始增加 kI 直到舵机可以很快地纠正稳态误差（即舵机可以停在正确的位置上）。要注意过大的 kI 会引起输出不稳定，使舵机颤抖。我们需要做的是找到临界的 kD。

4）从 0 开始增加 kD，然后尝试快速移动人脸，观察舵机是否可以快速跟随。要注意过大的 kD 会引起过调，即舵机转过头了。我们需要做的也是找到临界的 kD。

注意 *每一次调节参数时都要小量调节。*

结合图 10-11，它讲述了各个参数是如何影响输出的，我们可以更好地理解上面的法则。

了解了调参方法以后，接下来我们就要开始实际操作了。在开始之前，要确保你的代码已经传到树莓派上了，因为我们所有的操作都是在树莓派上完成的。

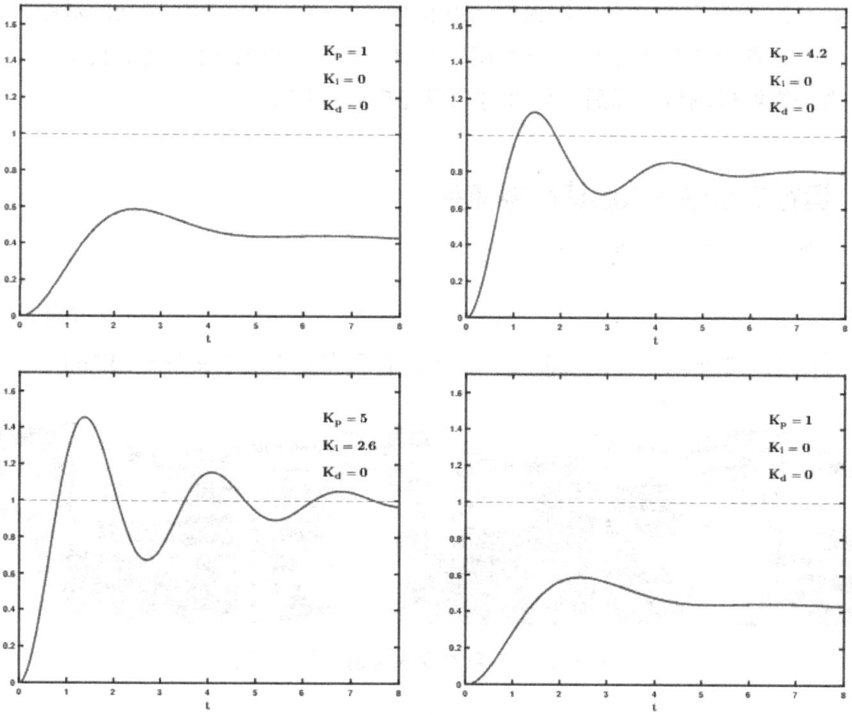

图 10-11 PID 控制器输出随参数的变化

我们有 2 个舵机，所以要调整 2 组 PID 参数。为了不让舵机之间的调参相互干扰，我们单独对一级舵机和二级舵机进行调参，这需要在代码中做一些改动，在对一级舵机调参时，将 pan_tilt_tracking.py 的部分代码改为：

```
# 开启4个进程
processObjectCenter.start()
processPanning.start()
#processTilting.start()
processSetServos.start()

# 添加4个进程
processObjectCenter.join()
processPanning.join()
#processTilting.join()
processSetServos.join()
```

这样，我们在对一级舵机调参时，就可以把二级舵机的控制进程屏蔽掉。同理，我们在对二级舵机调参时，可以把一级舵机的控制进程屏蔽掉。

之后，在终端中运行：

```
$ python pan_tilt_tracking.py --cascade haarcascade_frontalface_default.xml
```

这样就开启了我们的二自由度人脸追踪摄像头。然后根据舵机转动的流畅性，不断调整参数。注意，在修改参数之前，应当使用 Ctrl+C 终止进程，修改之后再执行上述命令进行调试。当一级舵机调试好以后，同理对二级舵机进行调试。

10.4.2 运行二自由度人脸追踪摄像头

PID 参数调节完毕后，执行命令：

```
$ python pan_tilt_tracking.py --cascade haarcascade_frontalface_default.xml
```

效果如图 10-12 所示。在镜头前晃一晃头，看看它是不是会很好地跟踪呢？

图 10-12　二自由度人脸追踪效果展示

至此，二自由度人脸追踪摄像头的基本功能就实现了。

10.5 本章小结

本章中我们针对现实的场景，将树莓派作为控制核心，利用 OpenCV 中的人脸识别功能，通过 PID 方法控制二自由度云台摄像头，达到人脸追踪的目的。

第 11 章 Chapter 11

多路摄像头中央 AI 监控

本章我们将学习如何通过树莓派实现多路摄像头中央 AI 监控。

11.1 网络传输 OpenCV 帧

树莓派作为一块单片机，能够支持 OpenCV，甚至对视频进行实时的操作，性能已经足够强劲，但是如果要同时处理多路视频，像遇到中央监控室这样的场景，我们还是要依赖主机电脑来承担 OpenCV 图像视频计算、深度学习等任务。

11.1.1 实现目标和方法

在本章中，我们将学习如何通过 Python + OpenCV 脚本来抓取视频帧并将视频流从摄像头传输到中央监控服务器，然后在中央监控服务器上进行 MobileNet SSD 模型推理。

平常大家可能会遇到这种情况：想要在中央监控屏上统一处理视频，并且想要用 OpenCV 来应用深度学习模型推理，这种需求下我们应该如何选型？可以用 IP 摄像头吗？或者树莓派？协议该怎么选？ FFMPEG ？ GStreamer ？ RTSP ？

其实在协议中可以选择直接把 OpenCV 流传输出去，并在中央监控服务器上进行处理即可。而想要直接传输 OpenCV 流的话，就得用到树莓派摄像头了。当然 OpenCV 官方还是没有支持这个功能，所以我们得使用一个第三方库，叫作消息传递库——ZMQ（ImageZMQ）。这种 OpenCV 视频流传输法不仅可靠，而且简单易用，只需几行代码即可实现。

11.1.2 消息传递的概念

在介绍消息传递之前，我们先来看一个简单的消息传递的通信过程，如图 11-1 所示。

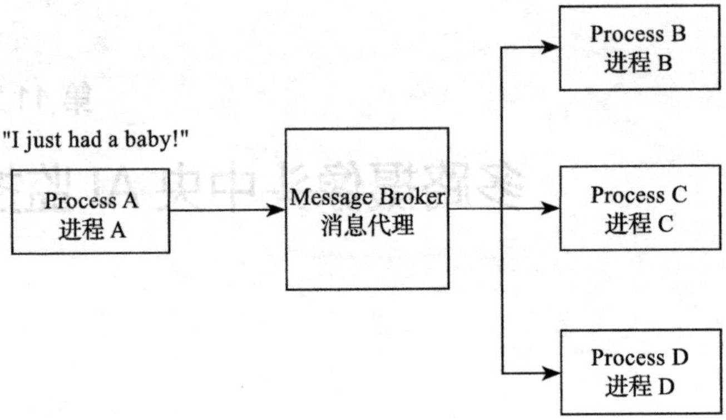

图 11-1 消息传递过程示例

那么，什么是消息传递呢？

消息传递指的是进程通过消息代理向其他进程发送消息。通过这种方法，就可以使用 OpenCV 和 ZMQ 的 ImageZMQ 库⊖来实现视频流网络传输。

消息传递是一个常用在多进程、分布式或并发应用程序中的概念。

使用消息传递时，一个进程可以与一个或多个其他进程通信，通常都需要使用消息代理（Message Broker）。

每当进程想要与另一个进程（包括所有其他进程）通信时，就必须先将其请求发送到消息代理上。消息代理接收请求，然后将消息发送到其他进程。并且，消息代理还可以向原始进程发送响应。

这里以生活中的事情为例展开介绍。例如母亲生了一个婴儿，按照图 11-1 所示的通信过程，母亲（Process A），想要向所有其他进程（即家人）宣布，她生了一个孩子。Process A 构造消息并将其发送到消息代理。接着，消息代理接收该消息并将其发布给所有其他进程。然后，所有其他进程从消息代理处接收消息。

这些进程都向 Process A 表示他们的支持和祝贺，因此他们各自构建了一条消息，表达他们的祝贺，如图 11-2 所示。

⊖ 更多内容请参见 https://github.com/jeffbass/imagezmq。

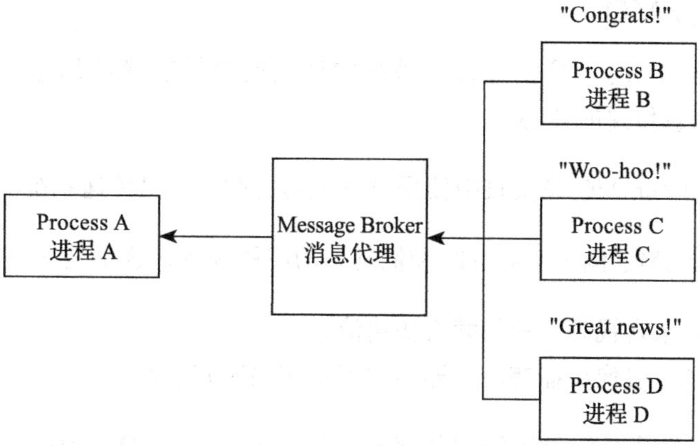

图 11-2 消息传递流

图 11-2 中的每个进程通过消息代理发回确认（ACK）消息，以通知 Process A 该消息已被接收。Jeff Bass 的 ImageZMQ 视频流项目就使用了这种方法。

这些响应被发送到消息代理，消息代理又将它们发送回 Process A。

这个例子简化了消息传递和消息代理系统，实际肯定比这复杂得多。但这个例子应该有助于你了解算法的原理以及进程通信的各个类型。

要进一步了解，你可能要去看看各种分布式编程实例和消息 / 通信类型（1 对 1 通信，1 对多通信，广播，集中、分布式，无代理等通信）的书。只要你了解消息传递允许进程之间通信的基本概念（包括不同计算机上的进程），就可以上手实践试试了。

11.1.3 项目实现流程

本节我们将编写两个 Python 脚本：

1）一个 client 文件，主要负责从树莓派摄像头捕捉视频帧；

2）一个 server 文件，主要负责获取显示客户端传入的视频帧并进行 MobileNet SSD 目标检测推理。

11.2 ImageZMQ 消息传递系统

下面我们来具体讲解 ImageZMQ 消息传递系统的概念、其实现原理以及相关依赖包等内容。

11.2.1 什么是 ZMQ

ZeroMQ[㊀]简称 ZMQ，是在分布式系统中使用的高性能异步消息传递库。ZMQ 库是 ImageZMQ 库中消息传递的核心。

RabbitMQ[㊁]和 ZeroMQ 是实践中使用频率最高的两个消息传递系统。

不同的是，ZeroMQ 侧重于高吞吐和低延迟的应用场景，这正是视频帧实时流需要的。

- 高吞吐量：来自视频流的新帧将快速流入。
- 低延迟：帧从摄像头捕获后立即传输到系统的所有节点上。

ZeroMQ 还具有易安装和易使用的优点。Jeff Bass 基于 ZMQ 编写了图片传递库——ImageZMQ 库[㊂]，他选择 ZMQ 作为底层消息传递库也是基于前面介绍的因素。

11.2.2 基于 ZMQ 的图片消息传递库：ImageZMQ

ImageZMQ 库是为高效网络传输视频流而设计的。它是一个 Python 包，并和 OpenCV 集成使用。

ImageZMQ 的创始人 Jeff 发现树莓派非常适合计算机视觉和他农场上的其他应用，树莓派便宜，好用，并且有很高的弹性和可靠性，因此专门为树莓派编写了 ImageZMQ。ImageZMQ 这个库在树莓派上工作良好，并且兼容 OpenCV 和 Python。

而且在实际的场景中，我觉得它比 GStreamer 或 FFMPEG 流等更可靠，使用起来，也比 RTSP 流更流畅。

更多关于 ImageZMQ 的详细信息，你可以访问 Jeff 在 GitHub 上的代码（GitHub 地址为 https://github.com/jeffbass/imagezmq）进行了解。

11.2.3 ImageZMQ 依赖的软件包

要安装 ImageZMQ 用于视频流，你还需要安装 ImageZMQ 依赖的软件包，如 Python、ZMQ 和 OpenCV。

首先，把这些包安装到你的 Python 虚拟环境中（如果你用了虚拟环境的话）：

㊀ 更多内容请参见 http://zeromq.org/。

㊁ 更多内容请参见 https://www.rabbitmq.com/。

㊂ https://github.com/jeffbass/imagezmq。

```
$ workon <env_name> # 激活虚拟环境，我的虚拟环境名字是 py3cv4
$ pip install opencv-contrib-python
$ pip install zmq
$ pip install imutils
```

从 GitHub 上复制 imagezmq repo：

```
$ cd ~
$ git clone https://github.com/jeffbass/imagezmq.git
```

然后，你可以通过复制或者将源目录 sym-link 到虚拟环境的 site-packages 中。

sym-link 方式操作如下：

```
$ cd ~/.virtualenvs/py3cv4/lib/python3.6/site-packages
$ ln -s ~/imagezmq/imagezmq imagezmq
```

注意　请务必使用 tab completion [⊖] 以确保正确输入路径。

其实也有第三种方法，即可以直接将 imagezmq 文件夹放入要执行的项目文件夹中。

11.2.4　项目整体介绍

使用 OpenCV 实现网络视频流之前，需要先定义客户端与服务器端的关系，使用 OpenCV 的 ImageZMQ 视频流的客户端 / 服务器端关系架构图如图 11-3 所示。

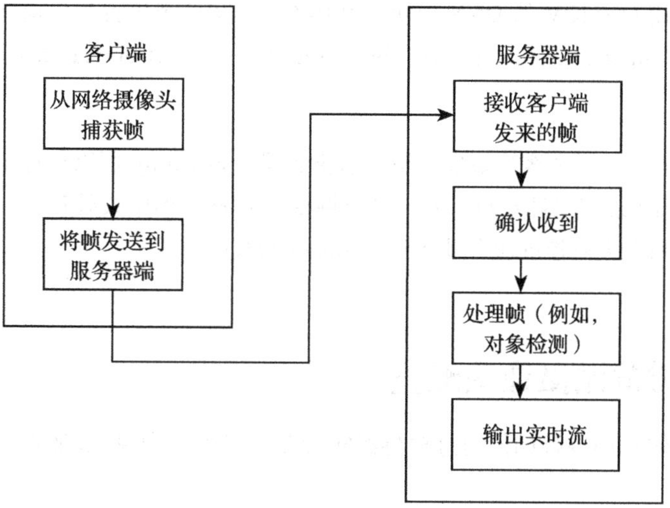

图 11-3　ImageZMQ 视频流的客户端 / 服务器端关系架构图

⊖ 更多内容请参见 https://www.howtogeek.com/195207/use-tab-completion-to-type-commands-faster-on-any-operating-system/。

为确保一致性，这里使用相同的术语。

- 客户端：负责使用 OpenCV 从网络摄像头捕获帧，然后将帧发送到服务器端。
- 服务器端：接收来自所有输入客户端的帧。

服务器端和客户端是相对的。假设：至少有一个（或多个）系统负责捕获帧；仅有一个系统实际接收和处理这些帧。

这样的话，我更习惯将发送视频的系统作为客户端，将接收 / 处理帧的系统作为服务器端。

最终我们实现项目时，项目的结构如下，可以用 tree 命令检查项目的结构：

```
$ $ tree
.
├─── MobileNetSSD_deploy.caffemodel
├─── MobileNetSSD_deploy.prototxt
├─── client.py
└─── server.py

0 directories, 4 files
```

> 注意　如果使用 11.2.3 节介绍的第三种方法，那么你还需要将 imagezmq 源目录放在项目中。

项目中的前两个文件是预训练的 Caffe MobileNet SSD 目标检测文件。服务器端（server.py）将使用 OpenCV 的 DNN 模块并利用 Caffe 文件来进行目标检测。更多内容请参见 https://www.pyimagesearch.com/2017/09/18/real-time-object-detection-with-deep-learning-and-opencv/。

client.py 脚本将在每个客户端发送流到服务器端。client.py 可以通过主机传输到网络上的每个 Pis 客户端（或其他计算机）上，以便将视频帧发送到中央处理器。因此，必须在每个树莓派客户端和中央监控屏服务器上安装 ImageZMQ。

11.3 多路树莓派摄像头配置

下面通过具体示例讲解如何通过树莓派实现多路摄像头中央 AI 监控，首先配置树莓派客户端。

11.3.1 配置树莓派客户端的主机名

这里使用客户端的主机名来识别客户端。你可以使用 IP 地址来识别，一般，通过将 IP

地址设置为客户端的主机名会更容易识别，并且如果要配置多路树莓派摄像头，一定要改主机名，否则图像会重叠在一起。

要更改树莓派上的主机名，可以直接启动终端（或者利用主机通过 SSH 连接到客户端）。然后运行 raspi-config 命令：

```
$ sudo raspi-config
```

如图 11-4 所示为使用 raspi-config 配置树莓派主机名的主屏幕。

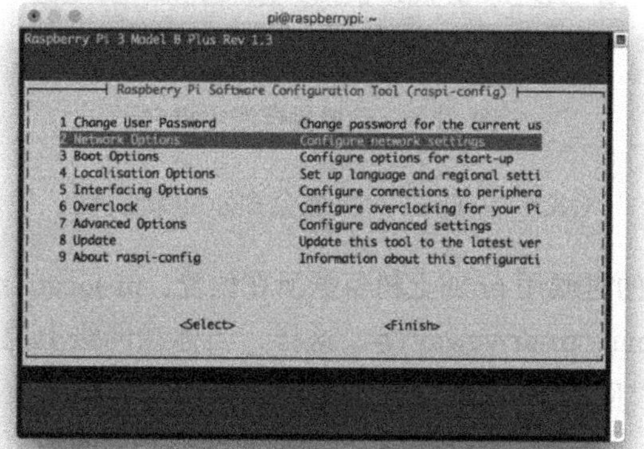

图 11-4　raspi-config 配置页面

切换到“2 Network Options”并按 Enter 键。图 11-5 所示为树莓派 raspi-config 网络配置页面。

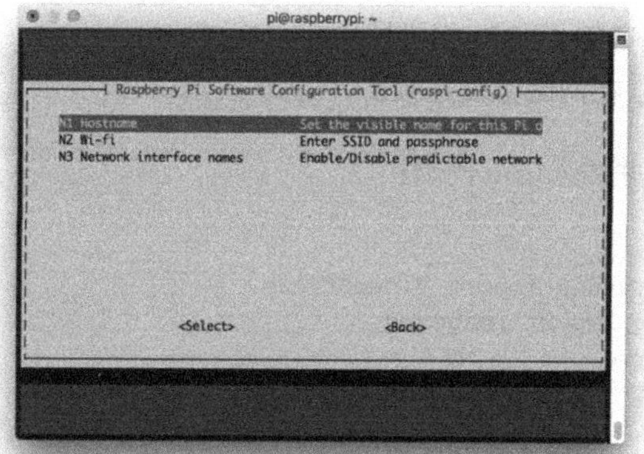

图 11-5　raspi-config 网络配置页面

然后选择“N1 Hostname”选项。将树莓派主机名设置为易于识别的名字，如图 11-6 所示，视频流将使用主机名来识别树莓派客户端。

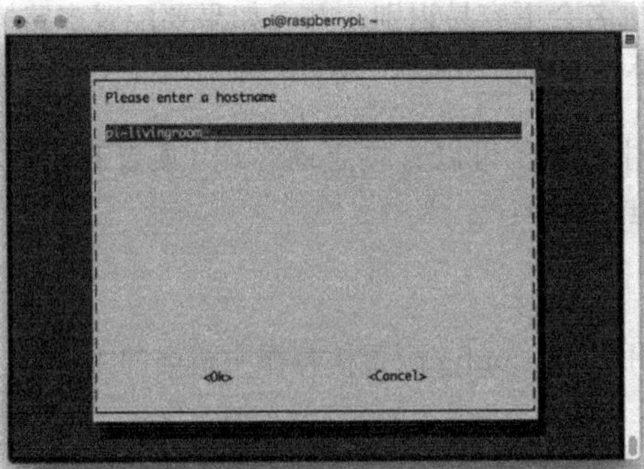

图 11-6　设置树莓派主机名

更改主机名并选择“<OK>”。此时，系统会提示重新启动，按步骤重新启动即可。

我建议命名树莓派的时候用 pi 加上树莓派所在位置：pi-location。例如，pi-garage、pi-frontporch、pi-livingroom、pi-driveway 等。这样，当你在网络上提取路由器页面时，你就会知道 Pi 的用途及其对应的 IP 地址，就不会轻易混淆了。在某些网络上，你还可以通过 SSH 连接连接到客户端，不一定非得提供 IP 地址。这样，可能会节省很多时间。

```
$ ssh pi@pi-frontporch
```

11.3.2 树莓派发送 OpenCV 视频流

客户端主要负责：

1）从相机捕获帧（USB 或 RPi 相机模块）；
2）通过 ImageZMQ 在网络上发送帧。

打开 client.py 文件并插入以下代码：

```
# 导入必要的包
from imutils.video import VideoStream
from imagezmq import imagezmq
import argparse
import socket
import time

# 构造参数解析器并解析参数
ap = argparse.ArgumentParser()
ap.add_argument("-s", "--server-ip",    required=True,
    help="ip address of the server to which the client will connect")
args = vars(ap.parse_args())

```

```
14    # 使用服务器的套接字地址初始化ImageSender对象
15    # server
16    sender = imagezmq.ImageSender(connect_to="tcp://{}:5555".format(
17        args["server_ip"]))
```

首先在第 2 ~ 6 行导入必要的包和模块：

- 请注意在客户端脚本中已经导入了 imagezmq。
- VideoStream 将用于从相机中抓取视频帧。
- 导入的 argparse 将用于处理包含服务器 IP 地址的命令行参数⊖（--server--ip 在第 9 ~ 12 行解析）。
- Python 的 socket 模块只是用于获取树莓派的主机名。
- 最后，time 模块用于相机在发送帧之前的预热。

注意 第 16 行和第 17 行只是创建 imagezmq sender 对象并指定服务器的 IP 地址和端口。IP 地址均来自已建立的命令行参数。我发现端口 5555 通常没有冲突，所以将它硬编码。你也可以把它改成参数。

初始化视频流，并开始向服务器发送帧：

```
19    # 获取主机名，初始化视频流，并允许
20    # 相机传感器进行预热
21    rpiName = socket.gethostname()
22    vs = VideoStream(usePiCamera=True).start()
23    #vs = VideoStream(src=0).start()
24    time.sleep(2.0)
25
26    while True:
27        # 从相机中读取帧并将其发送到服务器端
28        frame = vs.read()
29        sender.send_image(rpiName, frame)
```

获取了主机名后，将其值存储为 rpiName（第 21 行），以便在树莓派上设置主机名。

VideoStream 从连接好的 PiCamera 中抓取帧。如果你使用的是 USB 相机，可以注释掉第 22 行并取消注释第 23 行来连接到 Pi 的 USB 相机。

下一步还需要设置相机分辨率。这里使用最大分辨率，因此不需要提供参数。但如果发现存在延迟，则可能是发送的像素太多，此时可以稍微降低分辨率。只需从 PiCamera V2 版本中选一个分辨率，更多内容请参见 https://picamera.readthedocs.io/en/release-1.12/fov.html。打开链接后，第二张表就是 V2 版本中分辨率的相应内容，读者自行选择即可。

⊖ 更多内容请参见 https://www.pyimagesearch.com/2018/03/12/python-argparse-command-line-arguments/。

第 22 行，选择分辨率后，按需调整，如下所示：

```
vs = VideoStream(usePiCamera=True, resolution=(320, 240)).start()
```

注意 分辨率参数对 USB 摄像头没有影响，因为实现方式不同。作为替代方案，你可以在第 28 行和第 29 行之间插入 frame = imutils.resize(frame, width=320) 以手动调整 frame 的大小。

第 24 行，设置 2.0 秒的预热休眠时间。

第 26 ~ 29 行，while 循环抓取并发送帧到服务器端进行处理。

11.3.3 将代码放到树莓派目录中

使用 scp 将 client 上传到每个 Pis：

```
$ scp client.py pi@192.168.1.10:~
$ scp client.py pi@192.168.1.11:~
$ scp client.py pi@192.168.1.12:~
$ scp client.py pi@192.168.1.13:~
```

在这个例子中，我使用了 4 个树莓派，树莓派的数量可以按需求自行调整，但务必要适用于网络的 IP 地址。不用 scp 当然也可以，甚至直接复制粘贴都可以，只要把这些代码放到用户主目录位置即可。

11.4 配置中央监控室服务器端和 Caffe 框架

11.3 节完成了对多路摄像头的配置，这一节，我们来配置中央监控室服务器端和 Caffe 框架。

11.4.1 安装 Caffe 框架

安装 Caffe 框架非常简单，对配置要求不高，虚拟机亦可运行。注意 Ubuntu 版本最好高于 17.04，这里使用的是 Ubuntu 18.04 LTS，在这个版本的虚拟机上安装 Caffe 只需要以下命令：

```
$ sudo apt install caffe-cpu
```

11.4.2 实现 OpenCV 视频监控接收器

直播视频服务器端主要实现：

- 接受来自多个客户端的传入帧；
- 对每个传入帧进行目标检测；
- 对每个帧的目标进行计数。

打开 server.py 文件并插入以下代码：

```
1   # 导入必需的包
2   from imutils import build_montages
3   from datetime import datetime
4   import numpy as np
5   import imagezmq
6   import argparse
7   import imutils
8   import cv2
9
10  # 构造参数解析器并解析参数
11  ap = argparse.ArgumentParser()
12  ap.add_argument("-p", "--prototxt", required=True,
13      help="path to Caffe 'deploy' prototxt file")
14  ap.add_argument("-m", "--model", required=True,
15      help="path to Caffe pre-trained model")
16  ap.add_argument("-c", "--confidence", type=float, default=0.2,
17      help="minimum probability to filter weak detections")
18  ap.add_argument("-mW", "--montageW", required=True, type=int,
19      help="montage frame width")
20  ap.add_argument("-mH", "--montageH", required=True, type=int,
21      help="montage frame height")
22  args = vars(ap.parse_args())
```

第 2 ~ 8 行，导入包和库。在这个脚本中，将用到如下参数：

- build_montages：构建所有传入帧的镜头拼接。
- imagezmq：用于从客户端流传送视频。在本例中，每个客户端都是树莓派。
- imutils：书中提到的 OpenCV 包和其他图像处理函数都可以在 GitHub 和 PyPi 上获取。
- cv2：OpenCV 的 DNN 模块将用于深度学习目标检测。

想知道 imutils.video.VideoStream 在哪里吗？通常使用 VideoStream 类来从网络摄像头读取帧。但是，这次用 imagezmq 从客户端传输视频帧。服务器端并没有直接连接到摄像头。

接下来处理 argparse 模块的 5 个参数。

- --prototxt：Caffe 深度学习原型文件的路径。
- --model：预先训练的 Caffe 深度学习模型的路径。本书对应 GitHub 项目中提供了 MobileNet SSD，但稍作修改，你就可以用其他的。

- --confidence：过滤弱检测的置信度阈值。
- --montageW：这不是宽度（以像素为单位），而是镜头拼接的列数。因为要从 4 个树莓派 Pis 流，所以你可以用 2×2，4×1 或 1×4。例如，你也可以设置为 3×3，但其中 5 个框设置为空。如果只有一个的话，设为 1×1。
- --montageH：你的镜头拼接的行数，与 --montageW 一样。

初始化 ImageHub 使其与深度学习目标检测器一致：

```
24    # 初始化ImageHub对象
25    imageHub = imagezmq.ImageHub()
26
27    # 初始化MobileNet SSD训练的类标签列表
28    # 检测，然后为每个类生成一组边框颜色
29    CLASSES = ["background", "aeroplane", "bicycle", "bird", "boat",
30        "bottle", "bus", "car", "cat", "chair", "cow", "diningtable",
31        "dog", "horse", "motorbike", "person", "pottedplant", "sheep",
32        "sofa", "train", "tvmonitor"]
33
34    # 从硬盘加载序列化模型
35    print("[INFO] loading model...")
36    net = cv2.dnn.readNetFromCaffe(args["prototxt"], args["model"])
```

服务器端需要一个 ImageHub 来接收每个树莓派的连接。它主要使用套接字和 ZMQ 来接收网络上的帧（并发送回确认 ACK 消息）。

在第 29 ~ 32 行指定 MobileNet SSD 对象 CLASSES。

在 36 行实例化 Caffe 目标检测器。

11.4.3 使用 MobileNet SSD 对帧进行推理

接下来完成项目初始化，代码如下：

```
# 初始化考虑集（我们关心和想要计数的类标签）
#  目标计数字典和帧字典
CONSIDER = set(["dog", "person", "car"])
objCount = {obj: 0 for obj in CONSIDER}
frameDict = {}

# 初始化字典
# 其中包含有关设备上次处于活动状态的信息
# 然后存储上次检查的时间
lastActive = {}
lastActiveCheck = datetime.now()

# 存储估计的Pis数，
# 活动检查周期，并计算在检查设备
```

```
52    # 是否处于活动状态之前等待的持续时间
53    ESTIMATED_NUM_PIS = 4
54    ACTIVE_CHECK_PERIOD = 10
55    ACTIVE_CHECK_SECONDS = ESTIMATED_NUM_PIS * ACTIVE_CHECK_PERIOD
56
57    # 指定镜头拼接的宽度和高度，
58    # 这样就可以在一个“面板”中查看所有输入帧
59    mW = args["montageW"]
60    mH = args["montageH"]
61    print("[INFO] detecting: {}...".format(", ".join(obj for obj in
62        CONSIDER)))
```

例子中用到 CONSIDER 集中的三种 CLASSES，即狗、人和汽车。

使用这个 CONSIDER 集可以过滤掉不关心的类，例如椅子、植物、监视器或沙发，本例中不需要用到，所以直接选择我们需要的类即可。

第 41 行初始化字典，以便在每个视频源中跟踪目标并计数。计数初始化为零。

字典 frameDict 在第 42 行初始化。frameDict 字典包含了主机密钥和对应最新帧的值。

第 47 ~ 48 行是一个判断 Pi 是不是最后一次向服务器发送帧的变量。如果是一段时间，表示出问题了，则我们可以丢掉镜头拼接中静态的、过时的图像。lastActive 字典有主机名和对应的当前时间。

第 53 ~ 55 行是常量，用来判断 Pi 是否有效。第 55 行表示活动状态检测为 40 秒。通过调整 53 和 54 行的 ESTIMATED_NUM_PIS 和 ACTIVE_CHECK_PERIOD，可以减少活动状态检测时间。

第 59 ~ 60 行的 mW 和 mH 变量代表镜头拼接的宽度和高度（列和行）。这些值直接从参数 args 字典中获取。

使用循环遍历客户端传入流并处理数据，代码如下。

```
# 遍历所有的帧
while True:
    # 从RPi接收RPi名称和帧
    # 并确认
    (rpiName, frame) = imageHub.recv_image()
    imageHub.send_reply(b'OK')

    # 如果设备不在最后一个活跃的字典中，
    # 则是新连接的设备
    if rpiName not in lastActive.keys():
        print("[INFO] receiving data from {}...".format(rpiName))

    # 记录刚收到帧设备
    # 的最后活动时间
    lastActive[rpiName] = datetime.now()
```

第 68 ~ 69 行从 imageHub 中获取图像并发送 ACK 消息。imageHub.recv_image 的结果是 rpiName，在本例中就是主机名和视频帧 frame。

可见，从 ImageZMQ 视频流接收帧真的超级简单。

第 73 ~ 78 行确定树莓派何时为 lastActive 状态。

对传入的 frame 进行处理：

```
80    # 将frame最大宽度调整为400像素，
81    # 然后抓取frame维度构造一个blob
82    frame = imutils.resize(frame, width=400)
83    (h, w) = frame.shape[:2]
84    blob = cv2.dnn.blobFromImage(cv2.resize(frame, (300, 300)),
85        0.007843, (300, 300), 127.5)
86
87    # 通过网络传递blob
88    # 并获取目标检测和预测
89    net.setInput(blob)
90    detections = net.forward()
91
92    # 重置CONSIDER集中每个对象的目标计数
93    objCount = {obj: 0 for obj in CONSIDER}
```

第 82 ~ 90 行在 frame 上运行目标检测：

- 计算 frame 的尺寸；
- 根据图像创建一个 BLOB⊖；
- BLOB 通过神经网络传递。

第 93 行，将目标计数重置为零（用新的计数值覆盖字典）。

循环遍历进行检测，执行目标计数，并在目标周围画矩形框：

```
95    # 对检测进行遍历
96    for i in np.arange(0, detections.shape[2]):
97        # 提取与预测相关
98        # 的置信度（即概率）
99        confidence = detections[0, 0, i, 2]
100
101       # 确保置信度大于
102       # 最小置信度以过滤弱检测
103       if confidence > args["confidence"]:
104           # 从检测中提取
105           # 类标签的索引
```

⊖ 关于 OpenCV 的 blobFromImage 函数的工作原理可参见这个帖子，详细地址为 https://www.pyimagesearch.com/2017/11/06/deep-learning-opencvs-blobfromimage-works/。

```
106             idx = int(detections[0, 0, i, 1])
107
108             # 检查预测的类是否在
109             # 需要考虑的类集中
110             if CLASSES[idx] in CONSIDER:
111                 # 递增帧中检测到的
112                 # 特定目标的计数
113                 objCount[CLASSES[idx]] += 1
114
115                 # 计算目标边界
116                 # 的(x, y)坐标
117                 box = detections[0, 0, i, 3:7] * np.array([w, h, w, h])
118                 (startX, startY, endX, endY) = box.astype("int")
119
120                 # 绘制框架上检测到的目标
121                 # 周围的边界
122                 cv2.rectangle(frame, (startX, startY), (endX, endY),
123                     (255, 0, 0), 2)
```

在第 96 行，开始遍历每个 detections。在循环内部，继续执行如下操作。

- 提取目标的 confidence 并过滤掉弱检测（第 99 ~ 103 行）。
- 获取 idx 标签（第 106 行）并确保标签位于 CONSIDER 集合中（第 110 行）。对于已通过（confidence 阈值和是否 CONSIDER）两次判断的，就将相应目标的 objCount 计数加一（第 113 行），并在目标周围绘制一个 rectangle（第 117 ~ 123 行）。

接下来，在每个帧上添加主机名和目标计数的注释。同时，构建一个镜头拼接来显示图像：

```
125     # 在帧上绘制发送设备的名称
126     cv2.putText(frame, rpiName, (10, 25),
127         cv2.FONT_HERSHEY_SIMPLEX, 0.5, (0, 0, 255), 2)
128
129     # 在帧上绘制目标数
130     label = ", ".join("{}: {}".format(obj, count) for (obj, count) in
131         objCount.items())
132     cv2.putText(frame, label, (10, h - 20),
133         cv2.FONT_HERSHEY_SIMPLEX, 0.5, (0, 255,0), 2)
134
135     # 更新帧字典中的新帧
136     frameDict[rpiName] = frame
137
138     # 使用帧字典中的图像构建镜头拼接
139     montages = build_montages(frameDict.values(), (w, h), (mW, mH))
140
141     # 把镜头拼接显示在屏幕
142     for (i, montage) in enumerate(montages):
143         cv2.imshow("Home pet location monitor ({})".format(i),
144             montage)
145
```

```
146 # 检测是否摁下按钮
147 key = cv2.waitKey(1) & 0xFF
```

在第 126 ~ 133 行，两次调用 cv2.putText 来在屏幕上显示树莓派主机名和目标计数。

第 135 ~ 136 行，更新 frameDict 和 frame 对应 RPI 的主机名。

第 139 ~ 144 行，创建并显示客户端帧的镜头拼接。镜头拼接需要指定帧宽 mW 和帧高 mH。

第 147 行，捕获是否按下按键。

最后一块代码负责判断每个客户端源的 lastActive 当前时间，如果已经停止镜头拼接，就删除帧。代码如下：

```
149     # 如果当前时间 - 上次进行有效设备检查时间
150     # 大于设置的阈值，就进行检查
151     if (datetime.now() - lastActiveCheck).seconds > ACTIVE_CHECK_SECONDS:
152         # 遍历所有之前活动的设备
153         for (rpiName, ts) in list(lastActive.items()):
154             # 如果设备最近未处于活动状态，
155             # 则从最后一个活动和帧字典中删除RPi
156             if (datetime.now() - ts).seconds > ACTIVE_CHECK_SECONDS:
157                 print("[INFO] lost connection to {}".format(rpiName))
158                 lastActive.pop(rpiName)
159                 frameDict.pop(rpiName)
160 
161         # 将最后一个活动检查时间设置为当前时间
162         lastActiveCheck = datetime.now()
163 
164     # 如果`q`键被按下，退出循环
165     if key == ord("q"):
166         break
167 
168 # 清理
169 cv2.destroyAllWindows()
```

把第 151 ~ 162 行的代码分解一下：

- ACTIVE_CHECK_SECONDS（第 151 行）大于设置的阈值再进行后续判断。
- 遍历 lastActive 中的每个键值对（第 153 行），如果设备最近没有激活（第 156 行），就需要删除数据（第 158 和 159 行）。首先，从 lastActive 和 frameDict 中删除（pop）rpiName。
- lastActiveCheck 更新为当前时间（第 162 行）。

这段代码用来丢掉过期的帧（即不再是实时的帧）。如果你使用的是 ImageHub 服务器的话，这尤其重要。假如你像视频录像机（DVR）一样保存关键运动帧⊖，没有丢掉过期帧

⊖ 更多内容请参见 https://www.pyimagesearch.com/2016/02/29/saving-key-event-video-clips-with-opencv/。

的话，最坏的情况是，在你还没有意识到帧没有更新时，入侵者可以关闭你客户端的电源。

循环中的最后是判断是否已按下“q”键，如果按了，循环 break 并退出所有活动的镜头拼接（第 165 ~ 169 行）。

11.5 使用 OpenCV 实现视频流网络传输

现在已经配置好了客户端和监控屏服务器，接下来就进入测试了。

使用 SCP 将 client 上传到每个 Pis：

```
$ scp client.py pi@192.168.0.5:~
$ scp client.py pi@192.168.0.6:~
$ scp client.py pi@192.168.0.7:~
$ scp client.py pi@192.168.0.8:~
```

这个例子中，我使用了 2 个树莓派。

注意，要在每个树莓派上安装 ImageZMQ。必须先启动服务器端，再启动客户端。可以用下面的命令启动服务器端：

```
$ python server.py --prototxt MobileNetSSD_deploy.prototxt \
    --model MobileNetSSD_deploy.caffemodel --montageW 2 --montageH 2
```

服务器运行后，启动指向服务器端的每个客户端。在每个客户端上需要完成以下步骤。

1）打开与客户端的 SSH 连接：ssh pi@192.168.1.10。
2）在客户端上启动 screen。
3）source 个人资料：source ~/.profile。
4）激活虚拟环境：workon py3cv4。
5）安装 ImageZMQ。
6）运行客户端：python client.py --server-ip 192.168.0.26。

这是我最终配置出来的环境，使用 iPad 播放汽车的画面，树莓派 1 看汽车；树莓派 2 则拍摄我走来走去的视频，效果如图 11-7 所示。

服务器端将自动从每个 Pis 引入帧。每个进入的帧都通过 MobileNet SSD 传输。以下是最终的效果，如图 11-8 所示。

图 11-7　拍摄结果

图 11-8　最终拍摄效果展示

11.6　本章小结

在本章中我们介绍了使用树莓派摄像头拍摄和传输 OpenCV 流至中央主机进行深度学习和加速处理的方法，进一步突破树莓派的性能瓶颈，为实现树莓派集群、中央统一监控打下了基础。